高等学校电子信息类专业系列教材

软件测试基础

（第二版）

周元哲　编著

西安电子科技大学出版社

内 容 简 介

本书是在第一版的基础上，按照教学新需要，精心增删部分内容，并纠误修订而成的。

本书较为全面、系统地介绍了当前软件测试领域的理论和实践知识，包括软件测试理论、标准、技术和工具，展望了软件测试的发展趋势。

全书分为测试理论和测试实践两大部分。第一部分共 6 章，内容主要包括软件测试概论、软件测试流程、黑盒测试、白盒测试、面向对象测试和软件测试管理。第二部分共 8 章，内容主要包括测试自动化与测试工具、性能测试工具 LoadRunner、压力测试工具 JMeter、单元测试工具 JUnit 和 PyUnit、功能测试工具 QTP 和 Selenium 以及移动测试工具 Appium。附录给出了四级软件测试工程师考试简介和本书各章习题参考答案。

本书内容精练、文字简洁、结构合理，实训题目经典实用、综合性强，适合作为高等院校相关专业软件测试课程的教材或教学参考书，也可以供计算机应用软件开发和测试相关人员应用参考，或用作全国计算机软件测评师考试、软件技术资格与水平考试的培训资料。

图书在版编目（CIP）数据

软件测试基础/周元哲编著.—2 版. — 西安：西安电子科技大学出版社，2021.1(2023.11 重印)
ISBN 978-7-5606-5900-8

Ⅰ. ① 软⋯ Ⅱ. ① 周⋯ Ⅲ. ① 软件—测试—水平考试—教材Ⅳ. ① TP311.55

中国版本图书馆 CIP 数据核字(2020)第 240741 号

责任编辑　雷鸿俊
出版发行　西安电子科技大学出版社(西安市太白南路 2 号)
电　　话　(029)88202421　88201467　　邮　　编　710071
网　　址　www.xduph.com　　　　　　电子邮箱　xdupfxb001@163.com
经　　销　新华书店
印刷单位　咸阳华盛印务有限责任公司
版　　次　2021 年 1 月第 2 版　　2023 年 11 月第 7 次印刷
开　　本　787 毫米×1092 毫米　　1/16　　印　张　16
字　　数　376 千字
印　　数　11 001～13 000 册
定　　价　40.00 元
ISBN 978-7-5606-5900-8 / TP

XDUP 6202002-7

***** 如有印装问题可调换 *****

前　言

本书第一版自 2011 年出版以来，深受广大读者的欢迎，并印刷数次。由于软件测试技术发展迅速，加之近年的教学实践也在不断发展变化中，原书中的一些内容已逐渐不能适应要求。此次在继承原教材通俗易懂、易于学习的基础上，进行了如下修订：

(1) 修正过时的测试工具，QTP 升级为 UFT，本书重新进行讲解。

(2) Python 语言功能强大、应用渐多，本书介绍与其相关的测试工具 PyUnit。

(3) 介绍 JMeter 测试工具、Selenium 测试工具和移动测试工具 Appium。

(4) 详尽介绍全国大学生软件测试大赛的具体情况。

(5) 增补了习题讲解和答案。

西安邮电大学孔韦韦、西安电子科技大学出版社马晓娟老师对本书的写作大纲、写作风格等提出了很多宝贵的意见，特此致谢。本书在写作过程中参阅了部分中外文专著、教材、论文、报告等，由于篇幅所限，未能一一列出，在此向有关单位和作者一并表示敬意和衷心的感谢。

由于作者水平有限，书中难免有疏漏之处，恳请广大读者批评指正。本书作者的电子信箱是 zhouyuanzhe@163.com。

编　者

2020 年 8 月

目　录

第一部分　测　试　理　论

第二部分　测 试 实 践

第一部分 测 试 理 论

软件测试概述

第 1 章 软件测试概论

本章主要介绍软件缺陷、软件测试与软件开发间的关系、软件测试分类、软件测试模型以及测试用例等内容,为学习本书后续知识做必要准备。

1.1 软 件 测 试

1.1.1 缺陷案例

首先,让我们了解一下历史上一些臭名昭著的软件缺陷案例。

——1963 年,由于用 FORTRAN 程序设计语言编写的飞行控制软件中的循环语句"DO 5 I=1,3"被误写为"DO 5 I=1.3",DO 语句将一个逗号误写为点,结果导致美国首次金星探测飞行失败,造成 1000 多万美元的经济损失。

——1994 年,美国迪士尼公司的《狮子王》软件在少数系统中能正常工作,但在大众使用的常见系统中却不能正常工作。后来证实,迪士尼公司没有对市场上投入使用的各种 PC 机型进行正确的测试。也就在同年,英特尔奔腾浮点除法发生软件缺陷,英特尔为处理软件缺陷支付了 4 亿多美元。

——1999 年 9 月,火星气象人造卫星在经过 41 周 4.16 亿英里飞行后,在即将进入火星轨道时失败了,为此,美国投资 5 万美元调查事故原因,发现太空科学家洛克希德·马丁采用的是英制(磅)加速度数据进行计算,而喷气推进实验室则采用的是公制(牛顿)加速度数据进行计算。此事故的发生就是因为集成测试的失败所致。

——临近 2000 年时,计算机业界一片恐慌,这就是著名的"千年虫"问题。其原因是在 20 世纪 70 年代,由于计算机硬件资源很珍贵,因此程序员为节约内存资源和硬盘空间,在存储日期数据时,只保留年份的后 2 位,如"1980"被存储为"80"。当 2000 年到来时,问题出现了,计算机无法分清"00"是指"2000 年"还是"1000 年"。例如,银行存款的软件在计算利息时,本应该用现在的日期"2000 年 1 月 1 日"减去当时存款的日期。但是,由于"千年虫"的问题,结果用"1000 年 1 月 1 日"减去当时存款的日期,存款年数就变为负数,导致顾客反而要给银行支付巨额的利息。为了解决"千年虫"问题,人们花费了大量的人力、物力和财力。

——2008 年,我国举行了首次奥运会。10 月 30 日上午 9 时北京奥运会门票面向境内公众销售的第二阶段正式启动,系统访问流量猛增,官方票务网站流量瞬时达到 800 万次每小时,超过了系统设计的 100 万次每小时的流量承受量,奥运会门票系统访问量超计划 8 倍,造成网络拥堵、售票速度慢或暂时不能登录系统的窘况,直接导致公众无法及时提交购票申请，官方票务系统于下午 18:00 关闭，北京奥运会票务中心就此向广大境内公众购票人发布了致歉信。

……

1.1.2　测试历程

软件测试伴随着软件的产生而产生。早在 20 世纪 50 年代，英国著名的计算机科学家图灵就给出了软件测试的原始含义。他认为，测试是程序正确性证明的一种极端实验形式。早期软件开发过程中，软件规模小，复杂程度低，软件开发过程相当混乱无序，软件测试含义也比较窄，等同于"调试"，目的是纠正软件的故障，常常由软件开发人员自己进行，主要是针对机器语言和汇编语言，设计特定的测试用例，运行被测试程序，将所得结果与预期结果进行比较，从而判断程序的正确性，对测试的投入极少，测试介入也晚，常常是等到形成代码，产品已经基本完成时才进行测试。

直到 1957 年，软件测试首次作为发现软件缺陷的活动，与调试区分开来。1972 年，北卡罗来纳大学举行首届软件测试会议，John Good Enough 和 Susan Gerhart 在 IEEE 上发表《测试数据选择的原理》，确定软件测试是软件的一种研究方向。1975 年，John Good Enough 首次提出了软件测试理论，从而把软件测试这一实践性很强的学科提高到了理论的高度。1979 年，Glenford Myers 在《软件测试艺术》一书中提出"测试是为发现错误而执行的一个程序或者系统的过程"。

20 世纪 80 年代早期，软件和 IT 行业进入了大发展，软件趋向大型化、高复杂度，软件的质量越来越重要。一些软件测试的基础理论和实用技术开始形成，软件开发的方式也逐渐由混乱无序的开发过程过渡到结构化的开发过程，以结构化分析与设计、结构化评审、结构化程序设计以及结构化测试为特征，软件测试的性质和内容也随之发生变化，测试不再是一个单纯的发现错误的过程，而具有了软件质量评价的内容。软件工程的概念逐步形成，软件开发模型产生。1983 年，Bill Hetzel 在《软件测试完全指南》中指出，测试是以评价一个程序或者系统属性为目标的任何一种活动，是对软件质量的度量。IEEE 将软件测试定义为："使用人工或自动手段来运行或测定某个软件系统的过程，其目的在于检验它是否满足规定的需求或弄清预期结果与实际结果之间的差别。"这个定义明确地指出，软件测试的目的是检验软件系统是否满足需求，软件测试不再是一个一次性的活动，也不只是开发后期的活动，而是与整个开发流程融合成一体。

20 世纪 90 年代，随着面向对象分析和面向对象设计技术的日渐成熟，面向对象软件测试技术逐渐受到人们重视。1989 年，Fiedler 从面向对象的测试与传统测试的不同点出发，提出了面向对象单元测试的解决方案，开始从事面向对象软件测试的研究工作。1996 年，测试能力成熟度 TCMM(Testing Capability Maturity Model)等一系软件测试相关理论被提出。到了 2002 年，Rick 和 Stefan 在《系统的软件测试》一书中对软件测试做了进一步描述：测试是为了度量和提高软件的质量，对软件进行工程设计、实施和维护的整个生命周期过程。

近 20 年来，随着计算机和软件技术飞速发展，软件测试技术的研究也取得了很大的突破。许多测试模型(如 V 模型等)产生，单元测试、自动化测试等方面涌现了大量的软件测试工具。在软件测试工具平台方面，产生了很多商业化的软件测试工具，如捕获/回放工具、Web 测试工具、性能测试工具、测试管理工具、代码测试工具等，一些开放源码社区中也出现了许多软件测试工具，被广泛应用且相当成熟和完善。

1.1.3 开发与测试

软件开发模型有瀑布模型、螺旋模型等，它们和软件测试的关系如下。

1. 瀑布模型与软件测试的关系

瀑布模型认为测试是指在代码完成后、处于运行维护阶段之前，通过运行程序来发现程序代码或软件系统中的错误。因此，如果需求和设计阶段有缺陷问题，就会造成大量返工，增加软件开发的成本等。为了更早地发现问题，将测试延伸到需求评审、设计审查活动中，认为软件生命周期的每一阶段中都应包含测试。瀑布模型与软件测试的关系如图 1.1 所示。

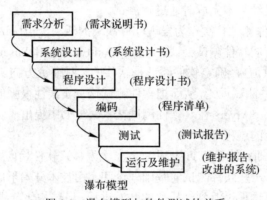

图 1.1 瀑布模型与软件测试的关系

2. 螺旋模型与软件测试的关系

大型软件项目通常有很多的不确定性和风险，而且异常复杂，如果采用瀑布模型那种"一次性完成"的线性过程模型，则项目失败的风险就很大，因此需要采用一种渐进式的演化过程模型——螺旋模型。螺旋模型将测试看作前进的一步，并试图将产品分解成增量版本，每个增量版本都可以单独测试。螺旋模型与软件测试的关系如图 1.2 所示。

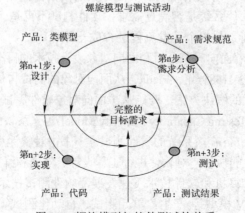

图 1.2 螺旋模型与软件测试的关系

1.2　软件测试的目的与原则

1.2.1　软件测试的目的

测试使用人工或者自动手段来运行或测试某个系统的运行过程,其目的在于检验它是否满足规定的需求或弄清预期结果与实际结果之间的差别。测试是帮助开发人员识别开发完成(中间或最终的版本)的计算机软件(整体或部分)的正确度、完全度和质量的过程,是软件质量保证的重要子域。

Glenford J. Myers 曾对软件测试的目的提出过以下观点:

(1) 测试是为了证明程序有错,而不是证明程序无错误;

(2) 一个好的测试用例在于它能发现至今未发现的错误;

(3) 一个成功的测试是发现了至今未发现的错误。

Glenford J. Myers 认为测试是以查找错误为中心,而不是为了演示软件的正确功能,从字面意思理解,可能会产生误导,认为发现错误是软件测试的唯一目的,查找不出错误的测试就是没有价值的测试。

软件测试的目的往往包含如下内容:

(1) 测试并不仅仅是为了找出错误,通过分析错误产生的原因和错误的发生趋势,可以帮助项目管理者发现当前软件开发过程中的缺陷,以便及时改进。

(2) 测试帮助测试人员设计出有针对性的测试方法,改善测试的效率和有效性。

(3) 没有发现错误的测试也是有价值的,完整的测试是评定软件质量的一种方法。

测试的目标就是以最少的时间和人力找出软件中潜在的各种错误和缺陷,证明软件的功能和性能与需求说明相符。此外,实施测试收集到的测试结果数据为可靠性分析提供了依据。

1.2.2　软件测试的原则

软件测试从不同的角度出发有两种测试原则。一是从用户的角度出发,就是希望通过软件测试能充分暴露软件中存在的问题和缺陷,从而考虑是否可以接受该产品;二是从开发者的角度出发,就是希望测试能表明软件产品不存在错误,已经正确地实现了用户的需求,确立人们对软件质量的信心。为了达到上述目的,需要注意以下几点原则:

(1) 软件测试是证伪而非证真。软件测试是为了发现错误而执行程序的过程,测试成功并不能说明软件不存在问题。

(2) 尽早地和不断地进行软件测试。软件开发各个阶段工作的多样性,以及参加开发各种层次人员之间工作的配合关系等因素,使得开发的每个环节都可能产生错误。软件测试应在软件开发的需求分析和设计阶段就开始测试工作,编写相应的测试文档,坚持在软件开发的各个阶段进行技术评审和验证,这样才能尽早发现和预防错误,以较低的代价修改错误,提高软件质量。

(3) 重视无效数据和非预期的测试。软件产品中暴露出来的许多问题常常是当软件以某些非预期的方式运行时导致的。因此,测试用例的编写不仅应当根据有效和遇到的输入情况进行，而且也应当根据无效和异常情况来进行。

(4) 应当对每一个测试结果做全面检查。不仔细全面地检查测试结果，就会使缺陷或错误被遗漏掉，因此，必须对预期的输出结果明确定义，对测试结果仔细分析检查。

(5) 测试现场保护和资料归档。出现问题时要保护好现场，并记录足够的测试信息，以备缺陷能够复现。

(6) 程序员应避免检查自己的程序。人们具有不愿否定自己的自然性心理，这就是程序员不能检查自己程序的原因。

(7) 充分注意测试中的群集现象。经验表明，测试后程序中残存的错误数目与该程序中已发现的错误数目或检错率成正比。根据这个规律，若发现错误数目多，则残存错误数目也比较多，这就是错误群集性现象。

(8) 用例要定期评审，适时补充修改用例。测试用例多次重复使用后，其发现缺陷的能力会逐渐降低。因此，测试用例需要进行定期评审和修改，不断增加新的不同的测试用例来发现潜在的更多的缺陷。

1.3　软件测试的分类

软件测试的分类方法很多，如图 1.3 所示。

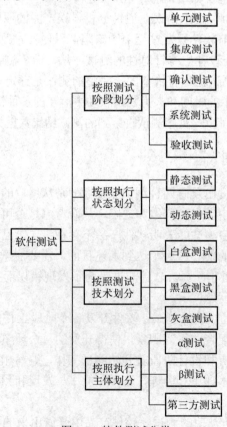

图 1.3　软件测试分类

1.3.1　按照测试阶段划分

软件测试贯穿于软件开发的整个期间，按照软件测试阶段划分，软件测试分为单元测试、集成测试、确认测试、系统测试、验收测试等。

(1) 单元测试用于检验被测代码的一个很小的、很明确的功能是否正确。通常而言，一个单元测试是用于判断某个特定条件下某个特定函数的行为。

(2) 集成测试是指对经过单元测试的模块之间的依赖接口的关系图进行测试。

(3) 确认测试用于验证软件的有效性，即验证软件的功能、性能及其他特性是否与用户的要求一致。

(4) 系统测试将整个软件系统与计算机硬件、外设、支持软件、数据、人员等其他系统元素结合起来进行测试。

(5) 验收测试是指最终用户参与测试的过程。

1.3.2　按照执行状态划分

按照测试执行状态划分，软件测试分为动态测试和静态测试。

1. 动态测试

软件的动态测试是指通过运行被测程序，检查运行结果与预期结果的差异，并分析运行效率和健壮性等性能，这种方法由三部分组成，即构造测试实例、执行程序及分析程序的输出结果。

2. 静态测试

静态测试是对被测程序进行特性分析方法的总称，是指计算机不运行被测试的程序，而对程序和文档进行分析与检查，包括走查、符号执行、需求确认等。静态测试一方面利用计算机作为对被测程序进行特性分析的工具，与人工测试有着根本的区别；另一方面并不真正运行被测程序，与动态方法也不相同。

1.3.3　按照测试技术划分

按照测试技术划分，软件测试分为黑盒测试、白盒测试和灰盒测试。

1. 黑盒测试

黑盒测试也称功能测试或数据驱动测试。在测试时，把程序看作不能打开的黑盒，完全不考虑程序内部结构和特性，对程序接口进行测试，检查程序功能是否按照需求规格说明书的规定正常使用，程序是否能适当地接收输入数据而产生正确的输出信息，并且保持外部信息(如数据库或文件)的完整性。

黑盒测试试图发现以下类型的错误：功能错误或遗漏、界面错误、数据结构或外部数据库访问错误、性能错误、初始化和终止错误等。

2. 白盒测试

白盒测试与黑盒测试正好相反，又称结构测试或逻辑驱动测试，用于检测产品内部的结构及检验程序中的每条通路是否都能按预定要求正确工作。白盒测试的主要方法有逻辑驱动、路径测试等。

白盒测试容易发现以下类型的错误：变量没有声明、无效引用、数组越界、死循环、函数本身没有析构、参数类型不匹配、调用系统的函数没有考虑到系统的兼容性等。

3. 灰盒测试

灰盒测试介于黑盒测试和白盒测试之间，主要用于测试各个组件之间的逻辑关系是否正确，采用桩驱动把各个函数按照一定的逻辑串起来，达到在产品还没有界面的情况下的结果输出。灰盒测试相对白盒测试来说要求较低，对测试用例要求也相对较低，用于代码的逻辑测试，验证程序接收和处理参数的正确性。灰盒测试的重点在于测试程序的处理能力和健壮性，相对黑盒测试和白盒测试而言，它投入的时间少，维护量也较小。

软件测试方法与软件开发过程相关联，单元测试一般采用白盒测试方法，集成测试采用灰盒测试方法，系统测试和确认测试采用黑盒测试方法。黑盒测试和白盒测试的比较如表 1.1 所示。

表 1.1　黑盒测试和白盒测试的比较

项　目	黑盒测试法	白盒测试法
规划方面	功能测试	结构测试
性　质	是一种确认(Validation)技术，回答"我们在构造一个正确的系统吗？"	是一种验证(Verification)技术，回答"我们在正确地构造一个系统吗？"
优点方面	(1) 确保从用户角度出发 (2) 适用于各阶段测试 (3) 从产品功能角度测试 (4) 容易入手生成测试数据	(1) 针对程序内部特定部分进行覆盖测试 (2) 可构成测试数据使特定程序部分得到测试 (3) 有一定的充分性度量手段 (4) 可获得较多工具的支持
缺点方面	(1) 无法测试程序内部特定部分 (2) 某些代码得不到测试 (3) 如果规格说明有误，则无法发现 (4) 不易进行充分性测试	(1) 无法测试程序外部特性 (2) 不易生成测试数据(通常) (3) 无法对未实现规格说明的部分进行测试 (4) 工作量大，通常只用于单元测试
应用范围	边界分析法、等价类划分法、决策表测试	语句覆盖、判定覆盖、条件覆盖、路径覆盖等

1.3.4　按照执行主体划分

按照执行主体划分，软件测试分为 α 测试、β 测试和第三方测试。

1. α 测试

α 测试通常也叫"验收测试"或"开发方测试"，在软件开发环境中，开发者和用户共同去检测与证实软件的实现是否满足软件设计说明或软件需求规格说明的要求。

2. β 测试

通常 β 测试被认为是用户测试，通过用户大量使用来评价检查软件。通常情况下，用户测试不是指用户的"验收测试"，而是指用户的使用性测试，由用户找出软件在应用过程中发现的软件的缺陷与问题，并对使用质量进行评价。

3. 第三方测试

第三方测试也称独立测试，是由第三方测试机构来进行的测试。第三方测试由与开发方和用户方都相对独立的组织进行软件测试，通过模拟用户真实的环境进行确认测试。

1.4　软件测试模型

软件测试模型用于指导软件测试的实践，通常有 V 模型、W 模型、H 模型、X 模型、前置模型等测试模型。下面依次进行介绍。

1.4.1　V 模型

V 模型作为最典型的测试模型，由 Paul Rook 在 20 世纪 80 年代后期提出，如图 1.4 所示。V 模型反映了测试活动与开发活动间的关系，标明测试过程中存在的不同级别，并清楚描述测试的各个阶段和开发过程的各个阶段间的对应关系。V 模型左侧是开发阶段，右侧是测试阶段。开发阶段先从定义软件需求开始，然后把需求转换为概要设计和详细设计，最后形成程序代码。测试阶段是在代码编写完成以后，从单元测试开始，然后依次进行集成测试、系统测试和客户验收测试。在 V 模型中，单元测试对应详细设计，也就是说，单元测试用例和详细设计文档一起实现；而集成测试对应于概要设计，其测试用例是根据概要设计中模块功能及接口等实现方法编写。以此类推，测试计划在软件需求完成后就开始进行，完成系统测试用例的设计等。

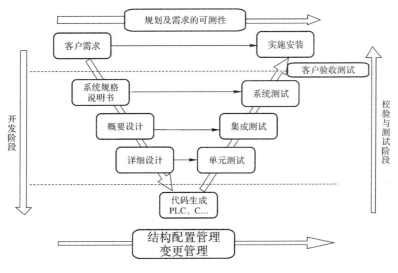

图 1.4　V 模型示意图

V 模型仅把测试过程作为在需求分析、概要设计、详细设计及编码之后的一个阶段，它主要是针对程序进行寻找错误的活动，忽视了测试活动对需求分析、系统设计等活动的验证和确认的功能。

1.4.2　W 模型

相对于 V 模型而言，W 模型增加了软件各开发阶段中应同步进行的验证和确认活动。如图 1.5 所示，W 模型由两个 V 字形模型组成，分别代表测试与开发过程，明确表示出了测试与开发的并行关系。

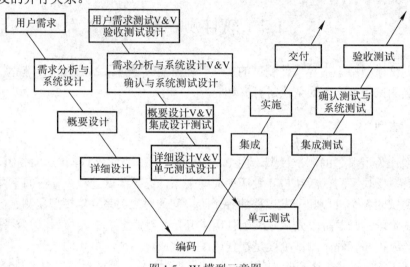

图 1.5　W 模型示意图

W 模型强调，测试伴随着整个软件开发周期，测试的对象不仅仅是程序，需求、设计等同样要测试，也就是说，测试与开发同步进行。W 模型有利于尽早地发现问题，只要相应的开发活动完成，就可以开始测试。例如，需求分析完成后，测试就应该参与到对需求的验证和确认活动中，以尽早地找出缺陷所在。同时，对需求的测试也有利于及时了解项目难度和测试风险，及早制定应对措施，从而减少总体测试时间，加快项目进度。

W 模型存在如下局限性：在 W 模型中，需求、设计、编码等活动被视为串行，测试和开发活动保持着一种线性的前后关系，上一阶段结束，才开始下一阶段的工作，因此，W 模型无法支持迭代开发模型。

1.4.3　H 模型

V 模型和 W 模型都认为软件开发是需求、设计、编码等一系列串行的活动，而事实上，这些活动在大部分时间内可以交叉，因此，相应的测试也不存在严格的次序关系，单元测试、集成测试、系统测试之间具有反复迭代。正因为 V 模型和 W 模型存在这样的问题，H 模型将测试活动完全独立出来，使得测试准备活动和测试执行活动清晰地体现出来，从而使得测试准备与测试执行分离，有利于资源调配，降低成本，提高效率。图 1.6 显示了整个测试生命周期中某个层次的"微循环"，即 H 模型。

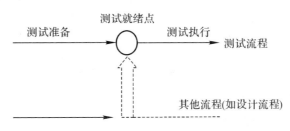

图 1.6　H 模型示意图

H 模型与测试活动具有如下关系:

(1) 软件测试不仅仅指测试的执行,还包括很多其他的活动。

(2) 软件测试是一个独立的流程,贯穿于软件整个生命周期,与其他流程并发地进行。

(3) 软件测试应尽早准备,尽早执行。

(4) 软件测试根据被测物的不同而分层次进行。不同层次的测试活动按照某个次序先后进行,可以反复,只要某个测试达到准备就绪点,测试执行活动就可以开展。

1.4.4　X 模型

由于 V 模型没能体现出测试设计、测试回溯的过程,因此,出现了 X 测试模型,如图 1.7 所示。

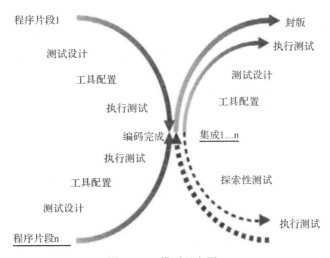

图 1.7　X 模型示意图

X 模型的左边描述的是针对单独程序片段所进行的编码和测试,此后将进行频繁的交接,通过集成最终合成为可执行的程序。X 模型右上方定位了已通过集成测试的成品进行封版并提交给用户,也可以作为更大规模和范围内集成的一部分。多根并行的曲线表示变更可以在各个部分发生。X 模型右下方定位了探索性测试。这是不进行事先计划的特殊类型的测试,往往帮助有经验的测试人员在测试计划之外发现软件错误。

1.4.5　前置模型

前置模型将测试和开发紧密结合,具有如下的优点。

1．开发和测试相结合

前置模型将开发和测试的生命周期整合在一起，标识了项目生命周期从开始到结束之间的关键行为，表示这些行为在项目周期中的价值。前置模型在开发阶段以"编码、测试、编码、测试"的方式进行。也就是说，程序片段编写完成，会进行相应的测试。

2．对每一个交付内容进行测试

每一个交付的开发结果都必须通过一定的方式进行测试。源程序代码并不是唯一需要测试的内容。可行性报告、业务需求说明以及系统设计文档等也是被测试的对象。这同 V 模型中开发和测试的对应关系相一致，并且在其基础上有所扩展。

3．让验收测试和技术测试保持相互独立

验收测试应该独立于技术测试，这样可以提供双重的保险，以保证设计及程序编码能够符合最终用户的需求。验收测试既可以在实施阶段的第一步来执行，也可以在开发阶段的最后一步执行。

4．反复交替的开发和测试

项目开发中存在很多变更，例如，需要重新访问前一阶段的内容，或者跟踪并纠正以前提交的内容，修复错误，增加新发现的功能，等等，开发和测试需要一起反复交替地执行。

5．引入新的测试理念

前置模型对软件测试进行优先级划分，用较低的成本及早发现错误，并且充分强调了测试对确保系统高质量的重要意义。

总之，V 模型、W模型、H 模型、X 模型以及前置模型都有各自的优点和缺点，应根据实际需要，灵活运用各种模型。表 1.2 给出了各种测试模型的特点。

表 1.2　测试模型各自的特点

模　型	特　点
V 模型	强调了整个软件项目开发中需要经历的若干个测试级别，每个级别都与一个开发阶段相对应，但它没有明确指出应该对需求、设计进行测试
W 模型	对 V 模型进行了补充。强调了测试计划等工作的先行和对系统需求和系统设计的测试，但和 V 模型一样，它没有专门针对软件测试的流程予以说明
H 模型	表现了测试是独立的。就每一个软件的测试细节来说，都有一个独立的操作流程，只要测试前提具备了，就可以开始进行测试
X 模型	体现出测试设计、测试回溯的过程，帮助有经验的测试人员在测试计划之外发现软件错误
前置模型	前置模型将测试和开发紧密结合，反复交替地执行

1.5 测试用例

1.5.1 测试用例简介

测试用例(Test Case)是指对一项特定的软件产品进行测试任务的描述,体现测试方案、方法、技术和策略。其内容包括测试目标、测试环境、输入数据、测试步骤、预期结果、测试脚本等,最终形成文档。简单地认为,测试用例是为某个特殊目标而编制的一组测试输入、执行条件以及预期结果,用于核实软件产品是否满足某个特定软件需求。

【例 1-1】 三角形测试举例。

题意:输入三角形的三条边 a、b、c,确定三角形的各种类型,设计三边的输入情况,如图 1.8 所示。

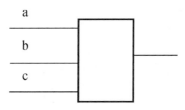

图 1.8 三角形三边取值测试

【解析】 假设在字长为 16 位的计算机上运行,则每个整数可能的取值有 2^{16} 种,若对三角形的三边 a、b、c 进行穷举测试,则可能取值的排列组合共有 $2^{16} \times 2^{16} \times 2^{16} \approx 3 \times 10^{14}$ 种,也就是说,大约需要执行 3×10^{14} 次才能做到"穷尽"测试。假设测试 1 次需 1 毫秒,则执行共需一万年。

【例 1-2】 路径测试举例。

题意:流程图如图 1.9 所示,设计测试用例,保证所有的路径都被执行。

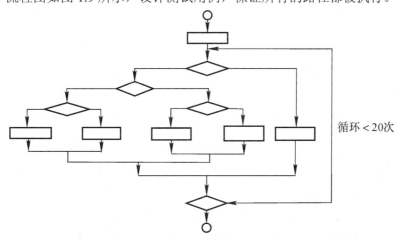

循环 < 20次

图 1.9 包含 20 次循环的路径测试

【解析】 流程图为一个执行达 20 次的循环,不同执行路径数高达 5^{20} 条,若要对它进行穷举测试,覆盖所有的路径,假设测试 1 条路径需 1 毫秒,则需要 31 170 年。

因此，软件测试无法进行穷尽测试，需要某种原则设计测试用例，测试用例的数量尽可能地少。

1.5.2　测试用例的作用

测试用例要经过创建、修改和不断改善的过程，一个测试用例具有以下属性：

(1) 测试用例的优先级次序。优先级越高，被执行的时间越早、执行的频率越多。由最高优先级的测试用例组来构成基本验证测试。

(2) 测试用例的目标性。有的测试用例是为主要功能而设计，有的测试用例是为次要功能而设计，有的则为系统的负载而设计，有的则为一些特殊场合而设计。因此，需要根据不同的目标设计不同的测试用例。

(3) 测试用例所属的范围。测试用例属于哪一个组件或模块，这种属性被用来管理测试用例。

(4) 测试用例的关联性。测试用例一般和软件产品特性相联系，用于验证被修改的软件缺陷，或对软件产品紧急补丁包进行测试。

(5) 测试用例的阶段性。测试用例属于单元测试、集成测试、系统测试、验收测试中的某一个阶段。这样对每个阶段，构造一个测试用例的集合被执行，并容易计算出该阶段的测试覆盖率。

(6) 测试用例的状态性。测试用例当前是否有效，如果无效，则被置于 Inactive 状态，不会被运行，只有被激活的(active)测试用例才被运行。

(7) 测试用例的时效性。针对同样的功能，可能所用的测试用例不同，这是因为不同的产品版本在产品功能、特性等方面的要求不同。

(8) 测试用例的所有者、日期等特性。测试用例还包括由谁、在什么时间创建修改等。

测试用例的作用主要体现在以下几个方面。

(1) 指导测试的实施。针对单元测试、集成测试、系统测试、回归测试等不同阶段，其测试用例的重点突出、目的明确，避免了盲目性。将测试用例作为测试的标准，严格按照测试用例的用例项目和测试步骤逐一实施测试。

(2) 评估测试结果的度量基准。测试实施后对测试结果进行评估，如测试覆盖率、测试合格率等。

(3) 保证软件可维护性和可复用性。在软件版本更新后，只需修改少部分的测试用例便可以开展工试，从而缩短了项目周期，良好的测试用例具有反复使用的性能，从而提高了测试的效率。

(4) 分析缺陷的标准。通过对比测试用例和缺陷数据库，补充相应测试用例。漏测反映了测试用例的不完善，应立即补充相应测试用例。

简单地说，使用测试用例的好处主要体现在以下几个方面。

(1) 在开始实施测试之前设计好测试用例，可以避免盲目测试并提高测试效率。

(2) 测试用例的使用令软件测试的实施重点突出，目的明确。

(3) 在软件版本更新后只需修正少部分的测试用例便可开展测试工作，降低了工作强度，缩短了项目周期。

(4) 功能模块的通用化和复用化使软件易于开发，而测试用例的通用化和复用化则会使软件测试易于开展，并随着测试用例的不断精化其效率也不断提高。

1.5.3　测试用例设计方法

软件测试用例设计的方法分别有"白盒"测试和"黑盒"测试相对应的设计方法。"黑盒"测试的用例设计采用等价类划分、因果图法、边值分析、用户界面测试、配置测试、安装选项验证等方法，适用于功能测试和验收测试。"白盒"测试的用例设计有以下方法：

(1) 采用逻辑覆盖等结构的测试用例设计方法。

(2) 基于程序结构的域测试用例设计方法。"域"是指程序的输入空间，域测试正是在分析输入空间的基础上，完成域的分类、定义和验证，从而对各种不同的域选择适当的测试点(用例)进行测试。

(3) 数据流测试用例设计的方法。它是通过程序的控制流，从建立的数据目标状态的序列中发现异常的结构测试方法。

(4) 根据对象状态或等待状态变化来设计测试用例，也是比较常见的方法。

(5) 基于程序错误的变异来设计测试用例，可以有效地发现程序中某些特定的错误。

(6) 基于代数运算符号的测试用例设计方法，受分支问题、二义性问题和大程序问题的困扰，使用较少。

1.5.4　测试用例设计误区

设计测试用例往往有如下误区：

(1) 把测试用例设计等同于测试输入数据的设计。测试用例的输入数据决定了测试的有效性和测试的效率。但是，测试用例中输入数据的确定只是测试用例设计的一个子集，测试用例设计还包括如何根据测试需求、设计规格说明等文档设计用例的执行策略、执行步骤、预期结果、组织管理形式等问题。

(2) 测试用例设计得越详细越好。软件项目的成功是"质量、时间和成本"的最佳平衡，编写过于详细的测试用例会耗费大量资源。因此，必须分析被测试软件的特征，运用有效的测试用例设计手段，尽量使用较少的测试用例，同时满足合理的测试覆盖。测试用例的编写目的是有效地找出软件可能有的缺陷。

(3) 追求测试用例设计"一步到位"。任何软件项目的开发过程都处于不断变化的过程中。在测试过程中可能发现设计测试用例时考虑不周的地方，需要完善；用户可能对软件的功能提出新的需求变更，设计规格说明相应地更新，软件代码不断细化，设计软件测试用例与软件开发设计并行进行，必须根据软件设计的变化，对软件测试用例进行调整，修改模块的测试用例。

(4) 将多个测试用例混在一个用例中。一个测试用例包含许多内容很容易引起混淆，从而使得测试结果很难记录。

1.6 习 题

一、选择题

1. 软件测试按照测试技术划分为(   )。

A. 性能测试、负载测试、压力测试   B. 恢复测试、安全测试、兼容测试

C. A 与 B 都是   D. 单元测试、集成测试、验收测试

2. 软件测试的目的是(   )。

A. 评价软件的质量   B. 发现软件的错误

C. 找出软件中所有的错误   D. 证明软件是正确的

3. 下面属于动态分析的是(   )。

A. 代码覆盖率   B. 模块功能检查

C. 系统压力测试   D. 程序数据流分析

4. 下面属于静态分析的是(   )。

A. 代码规则检查   B. 程序结构分析

C. 程序复杂度分析   D. 内存泄漏

5. 若该模块已发现的错误数目较多,则该模块中残留的错误通常应该(   )。

A. 较少   B. 较多   C. 相似   D. 不确定

6. 下面有关测试原则的说法正确的是 (   )。

A. 测试用例应由测试的输入数据和预期的输出结果两部分组成

B. 测试用例应选取合理的输入数据

C. 程序最好由编写该程序的程序员自己来测试

D. 使用测试用例进行测试是为了检查程序员是否做错了他该做的事

7. 下列关于软件测试的叙述中错误的是(   )。

A. 软件测试可以作为度量软件与用户需求间差距的手段

B. 软件测试的主要工作内容包括发现软件中存在的错误并解决存在的问题

C. 软件测试的根本目的是尽可能多地发现软件中存在的问题,最终把一个高质量的
软件系统交给用户使用

D. 没有发现错误的测试也是有价值的

8. "高产"的测试是指(   )。

A. 用适量的测试用例说明被测试程序正确无误

B. 用适量的测试用例说明被测试程序符合相应的要求

C. 用适量的测试用例发现被测试程序尽可能多的错误

D. 用适量的测试用例纠正被测试程序尽可能多的错误

9. 根据软件测试代码方面、理论方面、代码的角度测试方面填空。

代码方面分为:(   )、集成测试、系统测试、验收测试(Alpha、Beta)。

理论方面分为:(   )、动态测试、静态测试。

代码的角度测试方面分为:(   )、压力测试、回归测试、恢复测试等。

A. 单元测试   B. 黑盒测试   C. 白盒测试   D. 负载测试

10. 代码走查和代码审查的主要区别是 (　　)。

A. 在代码审查中由程序员来组织讨论，而在代码走查中由高级管理人员来领导评审小组的活动

B. 在代码审查中只检查代码是否有错误，而在代码走查中还要检查程序与设计文档的一致性

C. 在代码走查中只检查程序的正确性，而在代码审查中还要评审程序员的编程能力和工作业绩

D. 代码审查是一种正式的评审活动，而代码走查的讨论过程是非正式的

二、判断题

1. 尽量用公共过程或子程序去代替重复的代码段。　　　　　　　　　　(　　)
2. 测试是为了验证该软件已正确地实现了用户的要求。　　　　　　　　(　　)
3. 软件项目进入需求分析阶段后，测试人员就应该开始介入其中。　　　(　　)
4. 验收测试是由最终用户来实施的。　　　　　　　　　　　　　　　　(　　)
5. 代码评审是检查源代码是否达到模块设计的要求。　　　　　　　　　(　　)
6. 代码评审员一般由测试员担任。　　　　　　　　　　　　　　　　　(　　)
7. 软件测试的目的是尽可能多地找出软件的缺陷。　　　　　　　　　　(　　)
8. 调试的目的是确定错误的位置和引起错误的原因，并加以改正。　　　(　　)
9. 软件测试是执行程序，发现并排除程序中潜伏的错误的过程。　　　　(　　)
10. 动态测试有黑盒测试和白盒测试两种测试方法。　　　　　　　　　(　　)

三、简答题

1. 软件测试的目的是什么？
2. 软件测试的原则包括什么内容？
3. V 模型和 W 模型各自的优缺点是什么？
4 动态测试和静态测试的区别是什么？
5. 为什么需要测试用例？
6. 测试用例设计原则是什么？

第2章　软件测试流程

本章详细介绍软件测试的整个流程，包括测试需求、测试计划、测试设计、测试执行和测试评估。其中，测试执行包括单元测试、集成测试、确认测试和验收测试。

2.1　测试流程概述

软件测试流程与软件开发流程类似，也包括测试计划、测试设计、测试开发、测试执行和测试评估几个部分，如图 2.1 所示。

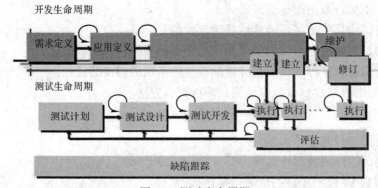

图 2.1　测试生命周期

软件测试生命周期具体如下：

(1) 测试计划。测试计划是指根据用户需求报告中关于功能要求和性能指标的规格说明书，定义相应的测试需求报告，使得随后所有的测试工作都围绕着测试需求来进行。同时，适当选择测试内容，合理安排测试人员、测试时间及测试资源等。

(2) 测试设计。测试设计是指将测试计划阶段制订的测试需求分解、细化为若干个可执行的测试过程，并为每个测试过程选择适当的测试用例，保证测试结果的有效性。

(3) 测试开发。测试开发是指建立可重复使用的自动测试过程。

(4) 测试执行。测试执行是指执行测试开发阶段建立的自动测试过程，并对所发现的缺陷进行跟踪管理。测试执行一般由单元测试、集成测试、确认测试等步骤组成。

(5) 测试评估。测试评估是指结合量化的测试覆盖域及缺陷跟踪报告，对应用软件的质量和开发团队的工作进度及工作效率进行综合评价。

其中，测试执行按以下步骤进行，即单元测试、集成测试、确认测试和验收测试，如图 2.2 所示。

(1) 单元测试：通过对每个最小的软件模块进行测试，对源代码的每一个程序单元实行测试，来检查各个程序模块是否正确地实现了规定的功能，确保其能正常工作。

(2) 集成测试：对已测试过的模块进行组装集成，目的在于检验与软件设计相关的程序结构问题。

(3) 确认测试：检验软件是否满足需求规格说明中的功能和性能需求，确定软件配置完全、正确，并检验软件产品能否与实际运行环境中整个系统的其他部分(比如硬件、数据库及操作人员)协调工作。

(4) 验收测试：作为检验软件产品质量的最后一道工序，主要让用户对软件进行测试，并重新执行已经做过的测试的某个子集，保证没有引入新的错误。

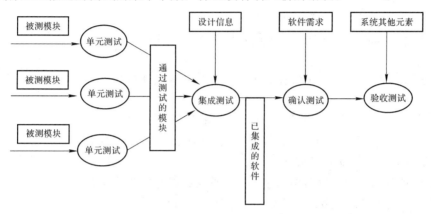

图 2.2　软件测试执行过程

2.2　单 元 测 试

单元测试用于判断一小段代码的某个特定条件(或者场景)下某个特定函数的行为，主要测试软件设计的最小单元(模块)在语法、格式、逻辑等方面的缺陷以及是否符合功能、性能等需求，程序的多个模块可以并行地进行单元测试工作。

2.2.1　单元测试内容

单元测试针对程序模块进行测试，主要有 5 个任务：模块接口测试、局部数据结构测试、边界条件测试、执行路径测试和错误处理测试，如图 2.3 所示。

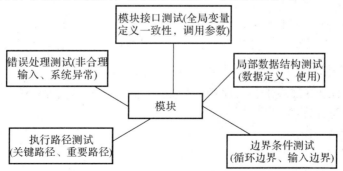

图 2.3　单元测试的解决的任务

1. 模块接口测试

通过对被测模块的数据流进行测试，检查进出模块的数据是否正确。因此，必须对模块接口，包括参数表、调用子模块的参数、全程数据、文件输入/输出操作进行测试。具体涉及以下内容。

(1) 模块接收输入的实际参数个数与模块的形式参数个数是否一致。

(2) 输入的实际参数与模块的形式参数的类型是否匹配。

(3) 输入的实际参数与模块的形式参数所使用的单位是否一致。

(4) 调用其他模块时，所传送的实际参数个数与被调用模块的形式参数的个数是否相同。

(5) 调用其他模块时，所传送的实际参数与被调用模块的形式参数的类型是否匹配。

(6) 调用其他模块时，所传送的实际参数与被调用模块的形式参数的单位是否一致。

(7) 调用内部函数时，参数的个数、属性和次序是否正确。

(8) 在模块有多个入口的情况下，是否引用与当前入口无关的参数。

(9) 是否修改了只读型参数。

(10) 全局变量是否在所有引用它们的模块中都有相同的定义。

如果模块内包括外部 I/O，则还应该考虑下列因素：

(1) 文件属性是否正确；

(2) OPEN 与 CLOSE 语句是否正确；

(3) 缓冲区容量与记录长度是否匹配；

(4) 在进行读写操作之前是否打开了文件；

(5) 在结束文件处理时是否关闭了文件；

(6) 正文书写/输入错误；

(7) I/O 错误是否检查并做了处理。

2. 模块局部数据结构测试

测试用例检查局部数据结构的完整性，如数据类型说明、初始化、缺省值等方面的问题，并测试全局数据对模块的影响。

(1) 在模块工作过程中，必须测试模块内部的数据能否保持完整性，包括内部数据的内容、形式及相互关系不发生错误。

(2) 局部数据结构应注意以下几类错误：不正确的或不一致的类型说明；错误的初始化或默认值；错误的变量名，如拼写错误或书写错误；下溢、上溢或者地址错误。

3. 执行路径测试

测试用例对模块中重要的执行路径进行测试，其中对基本执行路径和循环进行测试往往可以发现大量路径错误。测试用例必须能够发现由于计算错误、不正确的判定或不正常的控制流而产生的错误。

(1) 常见的错误如下：

误解的或不正确的算术优先级；混合模式的运算；错误的初始化；精确度不够精确；

表达式的不正确符号表示。

(2) 针对判定和条件覆盖，测试用例能够发现如下错误：

不同数据类型的比较；不正确的逻辑操作或优先级；应当相等的地方由于精确度的错误而不能相等；不正确的判定或不正确的变量；不正确的或不存在的循环终止；当遇到分支循环时不能退出；不适当地修改循环变量。

4. 错误处理测试

检查模块的错误处理功能是否包含错误或缺陷。例如，是否拒绝不合理的输入，出错的描述是否难以理解，是否对错误定位有误，出错原因报告是否有误，是否对错误条件的处理不正确，在对错误处理之前错误条件是否已经引起系统的干预等。

测试出错处理的重点是，当模块在工作中发生了错误时，其中的出错处理设施是否有效。

检验程序中的出错处理可能面对的情况有：

(1) 对运行发生的错误描述难以理解。

(2) 所报告的错误与实际遇到的错误不一致。

(3) 出错后，在错误处理之前就已经引起系统的干预。

(4) 例外条件的处理不正确。

(5) 提供的错误信息不足，以至于无法找到错误的原因。

5. 边界条件测试

边界条件测试是单元测试的最后一步，必须采用边界值分析方法来设计测试用例，测试在为限制数据处理而设置的边界处，测试模块是否能够正常工作。

测试一些与边界有关的数据类型，如数值、字符、位置、数量、尺寸等，以及边界的第一个、最后一个、最大值、最小值、最长、最短、最高、最低等特征。

在边界条件测试中，应设计测试用例检查以下情况：

(1) 在 n 次循环的第 0 次、1 次、n 次是否有错误。

(2) 运算或判断中取最大值、最小值时是否有错误。

(3) 数据流、控制流中刚好等于、大于、小于确定的比较值时是否出现错误。

2.2.2　单元测试步骤

通常单元测试在编码阶段进行。在源程序代码编制完成，经过评审和验证，确认没有语法错误之后，开始设计单元测试的测试用例。

模块并不是一个独立的程序，在考虑测试模块时，同时要考虑它和外界的联系，因此使用一些辅助模块去模拟与被测模块相关的其他模块。辅助模块分为以下两种：

(1) 驱动模块(Drive)：用来模拟被测试模块的上一级模块，相当于被测模块的主程序，用于接收测试数据，并把这些数据传送给被测模块，启动被测模块，最后输出实测结果。

(2) 桩模块(Stub)：用来模拟被测模块工作过程中所调用的模块。桩模块一般只进行很少的数据处理，不需要把子模块所有功能都带进来，但不允许什么事情也不做。

被测模块、与它相关的驱动模块及桩模块共同构成了一个"测试环境"，如图 2.4 所示。

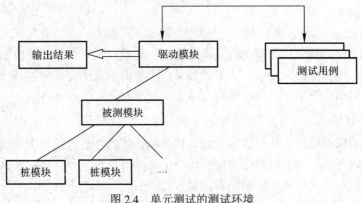

图 2.4　单元测试的测试环境

2.3　集　成　测　试

按照软件设计要求，将经过单元测试的模块连接起来，组成所规定的软件系统的过程称为"集成"。集成测试就是针对这个过程，按模块之间的依赖接口的关系图进行的测试。图 2.5 给出了软件分层结构的示例图。

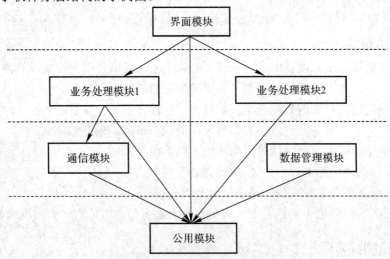

图 2.5　软件分层结构的示意图

由于集成测试不是在真实环境下进行的，而是在开发环境或是一个独立的测试环境下进行的，因此集成测试所需人员一般从开发组中选出，在开发组长的监督下进行，开发组长负责保证在合理的质量控制和监督下使用合适的测试技术执行充分的集成测试。在集成测试过程中，由一个独立测试观察员来监控测试工作。

2.3.1　集成测试的主要任务

集成测试是组装软件的系统测试技术之一，按设计要求把通过单元测试的各个模块组装在一起之后，要求软件系统符合实际软件结构，发现与接口有关的各种错误。集成测试主要适应于如下几种软件系统：

(1) 对软件质量要求较高的软件系统，如航天软件、电信软件、系统底层软件等。

(2) 使用范围比较广，用户群数量较大的软件。

(3) 使用类似 C/C++带有指针的程序语言开发的软件。

(4) 类库、中间件等产品。

集成测试的主要任务是解决以下 5 个问题：

(1) 将各模块连接起来，检查模块相互调用时，数据经过接口是否丢失。

(2) 将各个子功能组合起来，检查能否达到预期要求的各项功能。

(3) 一个模块的功能是否会对另一个模块的功能产生不利的影响。

(4) 全局数据结构是否有问题，会不会被异常修改。

(5) 单个模块的误差积累起来，是否被放大，从而达到不可接受的程度。

2.3.2　集成测试方法

集成测试主要测试软件的结构问题，因此测试建立在模块接口上，多为黑盒测试，适当辅以白盒测试。执行集成测试应遵循如下步骤：

步骤 1：确认组成一个完整系统的模块之间的关系。

步骤 2：评审模块之间的交互和通信需求，确认出模块间的接口。

步骤 3：生成一套测试用例。

步骤 4：采用增量式测试，依次将模块加入到系统并测试，这个过程以一个逻辑/功能顺序重复进行。

集成测试过程中尤其要注意关键模块测试，关键模块一般具有下述一个或多个特征：

(1) 同时对应几条需求功能。

(2) 具有高层控制功能。

(3) 复杂，易出错。

(4) 有特殊的性能要求。

集成测试的主要目的是验证组成软件系统的各模块的接口和交互作用，因此集成测试对数据的要求从难度和内容上不是很高。集成测试一般也不使用真实数据，可以使用一部分代表性的测试数据。在创建测试数据时，应保证数据充分测试软件系统的边界条件。

集成测试包括非增量式集成测试和增量式集成测试。

1. 非增量式集成测试方法

非增量式集成测试方法采用一步到位的方法来进行测试，对所有模块进行个别的单元测试后，按程序结构图将各模块连接起来，把连接后的程序当作一个整体进行测试。

2. 增量式集成测试方法

增量式集成测试方法具体包括自顶向下增量式测试、自底向上增量式测试以及三明治集成测试。

1) 自顶向下增量式测试

自顶向下增量式测试按结构图自上而下进行逐步集成和逐步测试。模块集成的顺序是首先集成主控模块(主程序)，然后按照软件控制层次结构向下进行集成。自顶向下的集成方式可以采用深度优先策略和广度优先策略，如图 2.6 所示。深度优先顺序：T1→T2→T5→T8→T6→T3→T7→T4；广度优先顺序：T1→T2→T3→T4→T5→T6→T7→T8。

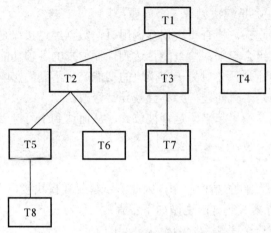

图 2.6　自顶向下增量式测试示意图

该方法由下列步骤实现。

步骤 1：以主模块为所测试模块兼驱动模块，而所有直属于主模块的下属模块全部用桩模块替换，并对主模块进行测试。

步骤 2：采用深度优先或广度优先测试方式，用实际模块替换相应桩模块，再用桩代替它们的直接下属模块，从而与已经测试的模块或子系统组装成新的子系统。

步骤 3：进行回归测试排除组装过程中的错误可能性。

步骤 4：判断是否所有的模块都已经组装到了系统中。如果是，则结束测试；否则转到步骤 2 执行。

自顶向下增量式测试方式的优点如下：

(1) 在测试过程中较早地验证主要的控制点。

(2) 功能性的模块测试可以较早地得到证实。

(3) 最多只需要一个驱动模块就可进行测试。

(4) 支持缺陷故障隔离。

自顶向下增量式测试方式具有如下缺点：

(1) 随着底层模块的不断增加，会导致底层模块的测试不充分，特别是被重用的模块。

(2) 由于每次组装都必须提供桩，会使得桩的数目急剧增加，从而维护桩的成本也会快速上升。因此，该方法适合大部分采用结构化编程方法，而且软件的结构相对比较简单。

2) 自底向上增量式测试

自底向上增量式测试是从"原子"模块(软件结构中最底层的模块)开始，按结构图自下而上逐步进行集成和测试。图 2.7 表示了采用自底向上增量式测试的过程。

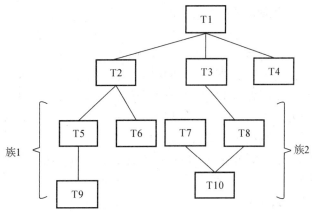

图 2.7 自底向上增量式示意图

该方法具体实现的步骤如下：

步骤 1：把低层模块组合成实现某个特定的软件子功能的族。

步骤 2：写一个驱动程序(用于测试的控制程序)，协调测试数据的输入和输出。

步骤 3：对由模块组成的子功能族进行测试。

步骤 4：去掉驱动程序，沿软件结构由下向上移动，把子功能族组合成更大的功能族。

步骤 5：不断重复步骤 2~步骤 4，直到完成。

自底向上增量式测试方法的优点是：

(1) 虽然模拟中断或异常需要设计一定的桩模块，但总体上减少了桩模块的工作量。

(2) 允许对底层模块行为进行早期验证。

(3) 在测试初期，可以并行进行集成，相应地比使用自顶向下的方式效率高。

其缺点如下：

(1) 随着集成到顶层，整个系统变得越来越复杂，对于底层的一些模块将很难覆盖。

(2) 驱动模块的开发工作量很大。

3) 三明治集成测试

三明治集成也称混合集成，它将自顶向下和自底向上的缺点和优点集于一身。三明治集成是把系统分为三层，中间一层为目标层。测试时对目标层上面的一层采用自顶向下的集成测试方式，而对目标层下面的一层使用自底向上的集成策略，最后对目标层进行测试。

表 2.1 给出了各集成测试策略的分析和对比。

表 2.1 集成测试方法的比较

名 称	自顶向下增量式	自底向上增量式	三明治集成
集 成	早	早	早
基本程序工作时间	早	晚	早
需要驱动程序	否	是	是
需要桩程序	是	否	是
工作并行性	低	中	中
特殊路径测试	难	容易	中等
计划与控制	难	容易	难

下面给出非增量式集成和增量式集成的比较结果。

(1) 非增量式集成测试模式是先分散测试，然后集中起来一次完成集成测试。如果在模块的接口处存在错误，则只会在最后的集成测试时一下子暴露出来。非增量式集成测试时可能发现很多错误，但为每个错误定位和纠正非常困难，并且在改正一个错误的同时又可能引入新的错误，从而更难断定出错的原因和位置。与此相反，增量式集成测试采用逐步集成和逐步测试的方法，测试的范围逐步增大，从而错误易于定位和纠正。因此，增量式集成测试比非增量式集成测试有比较明显的优越性。

(2) 自顶向下测试的主要优点在于自然地做到逐步求精，从一开始让测试者了解系统的框架。它的主要缺点是需要提供被调用模拟子模块，被调用模拟子模块可能不能反映真实情况，因此测试有可能不充分。

(3) 自底向上测试的优点在于，由于驱动模块模拟了所有调用参数，从而测试数据没有困难。其主要缺点在于，只有到最后一个模块被加入之后才能知道整个系统的框架。

(4) 三明治集成测试采用自顶向下、自底向上集成相结合的方式，并采取持续集成策略，有助于尽早发现缺陷，有利于提高工作效率。

(5) 核心系统先行集成测试能保证一些重要功能和服务的实现，对于快速软件开发有效。如果采用此种模式的测试，要求系统一般应能明确区分核心软件部件和外围软件部件，从而可以采用高频集成测试，借助于自动化工具实现。

总之，采用自顶向下集成测试和自底向上的集成测试方案较为常见。在实际测试工作中，应该结合项目的实际环境及各测试方案适用的范围进行合理的选型。

2.4　确　认　测　试

确认测试用于验证软件的有效性，即验证软件的功能和性能及其他特性是否与用户的要求一致。

在确认测试阶段需要做的工作如图 2.8 所示。首先要进行有效性测试以及软件配置审查，然后进行验收测试和安装测试，在通过了专家鉴定之后，才能成为可交付的软件。

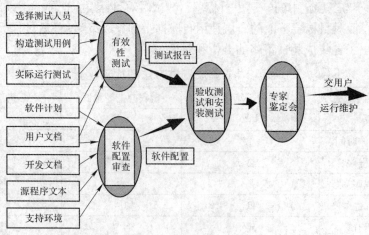

图 2.8　确认测试的步骤

2.4.1　有效性测试

有效性测试是在模拟的环境下，运用黑盒测试的方法，验证被测软件是否满足需求规格说明书列出的需求。为此，需要制定测试计划，规定要做测试的种类，制定一组测试步骤，描述具体的测试用例。通过实施预定的测试计划和测试步骤，确定软件的特性是否与需求相符，确保所有的软件功能需求都能得到满足，所有的软件性能需求都能达到，所有的文档都正确且便于使用。

2.4.2　软件配置审查

软件配置审查的目的是保证软件配置的所有成分，包括与实际运行环境中整个系统的支持环境都应齐全，各方面的质量都符合要求。在确认测试的过程中，应当严格遵守用户手册和操作手册中规定的使用步骤，以便检查这些文档资料的完整性和正确性，记录发现的遗漏和错误，并且适当地补充和改正。

2.5　验　收　测　试

验收测试是以用户为主的测试，软件开发人员和质量保证人员也应参加。由用户参加设计测试用例，通过用户界面输入测试数据，分析测试的输出结果。一般使用生产中的实际数据进行测试。在测试过程中，除了考虑软件的功能和性能外，还应对软件的可移植性、兼容性、可维护性、错误的恢复功能等进行确认。

2.5.1　α 测试和 β 测试

在软件交付使用之后，用户将如何实际使用程序，对于开发者来说是无法预测的。用户在使用过程中常常会发生如下问题：对软件操作使用方法的误解，异常的数据组合以及产生对某些用户来说似乎是清晰的，但对另一些用户来说却难以理解的输出，等等。

α 测试和 β 测试用于发现可能只有最终用户才能发现的错误。α 测试是由一个用户在开发环境下进行的测试，也可以是公司内部的用户在模拟实际操作环境下进行的测试。这是在受控制的环境下进行的测试。α 测试的目的是评价软件产品的 FURPS(即功能、可使用性、可靠性、性能和支持)，尤其注重产品的界面和特色。α 测试可以从软件产品编码结束之时开始，或在模块(子系统)测试完成之后开始，也可以在确认测试过程中产品达到一定的稳定和可靠程度之后再开始。

β 测试是由软件的多个用户在一个或多个用户的实际使用环境下进行的测试。与 α 测试不同的是，开发者通常不在测试现场。因而，β 测试是在开发者无法控制的环境下进行的软件现场应用。在 β 测试中，由用户记下遇到的所有问题，包括真实的以及主观认定的问题，定期向开发者报告，开发者在综合用户的报告之后，做出修改，最后将软件产品交付给全体用户使用。β 测试着重于产品的支持性，包括文档、客户培训和支持产品生产能力。只有当 α 测试达到一定的可靠程度时，才能开始 β 测试。

β 测试具有如下意义：

(1) 广告效应。β 版本本身已经很稳定了，在产品推出的形式上可能采取一些策略，以 β 版的形式推出，吸引一些好奇心强的用户去体验，效果可能要比直接推出的效果好。

(2) 调查市场。根据 β 测试统计的数据，分析用户的使用习惯，以便在下一个版本项目中改进。

(3) 查找 BUG：β 版本可以使得用户协助测试，解决许多 BUG 问题。

2.5.2　回归测试

软件生命周期中的任何一个阶段，只要软件发生了改变，就可能给该软件带来缺陷问题。而软件的改变可能是源于发现了错误并做了修改，也有可能是因为在集成或维护阶段加入了新的模块等多种情况。回归测试是一种验证已变更的系统的完整性与正确性的测试技术，是指重新执行已经做过的测试的某个子集，以保证修改没有引入新的错误或者发现由于更改而引起的之前未发现的错误，也就是保证改变没有带来非预期的副作用。因此，软件开发的各个阶段会进行多次回归测试。

1. 回归测试实施前提

(1) 当软件中所含错误被发现时，如果错误跟踪与管理系统不够完善，则可能会遗漏对这些错误的修改。

(2) 开发者对错误理解得不够透彻，也可能导致所做的修改只修正了错误的外在表现，而没有修复错误本身，从而造成修改失败。

(3) 修改还有可能产生副作用，从而导致软件未被修改的部分产生新的问题，使本来工作正常的功能产生错误。

微软公司测试经验表明，一般修复三到四个错误会产生一个新的错误。同样，新代码加入软件时，除了新代码有可能含有错误外，还有可能对原有的代码带来影响。因此，软件一旦发生变化，必须重新补充新的测试用例，测试软件功能，确定修改是否达到预期目的，检查修改是否损害原有功能。

2. 回归测试的两个策略

回归测试是贯穿在整个测试的各个阶段的测试活动，其目的是检验已经被发现的缺陷有没有被正确地修改和修改过程中有没有引发新的缺陷。可以采用如下的策略进行回归测试。

1) 完全重复测试

选择完全重复测试是指将所有的测试用例，全部再完全地执行一遍，以确认问题修改的正确性和修改后周边是否受到影响。其缺点是由于要把用例全部执行，因此会增加项目成本，也会影响项目进度，所以很难完全执行。

2) 选择性重复测试

选择性重复测试是指可以选择一部分进行执行，以确认问题修改的正确性和修改后周边是否受到影响。下面介绍几种方法。

(1) 覆盖修改法：针对发生错误的模块，选取这个模块的全部用例进行测试。这样只能验证本模块是否还存在缺陷，但不能保证周边与它有联系的模块不会因为这次改动而引发缺陷在修改范围内的测试。这类回归测试仅根据修改的内容来选择测试用例，仅保证修改的缺陷或新增的功能被实现，其效率最高，风险也最大，因为它无法保证这个修改是否影响了别的功能，该方法一般用在软件结构设计的耦合度较小的状态下。

(2) 周边影响法：除了把出错模块的用例执行之外，把周边和它有联系的模块的用例也执行一遍，保证回归测试的质量，需要分析修改可能影响到哪部分代码或功能。对于所有受影响的功能和代码，其对应的所有测试用例都将被回归。如何判断哪些功能或代码受影响，往往依赖于测试人员的经验和开发过程的规范性。

(3) 指标达成法：根据一定的覆盖率指标选择回归测试。例如，规定修改范围内的测试阈值是 90%，其他范围内的测试阈值为 60%，该方法一般是在相关功能影响范围难以界定时使用。

(4) 基于操作剖面：如果测试用例是基于软件操作剖面开发的，则测试用例的分布情况将反映系统的实际使用情况。回归测试所使用的测试用例个数由测试预算确定，可以优先选择针对最重要或使用最频繁的功能的测试用例，尽早发现对可靠性有最大影响的故障。

(5) 基于风险选择测试：根据缺陷的严重性来进行测试，基于一定的风险标准从测试用例库中选择回归测试包。选择最重要、关键以及可疑的测试，跳过那些次要的、例外的测试用例或功能相对非常稳定的模块。

3. 回归测试的流程

回归测试的流程一般具有如下步骤：

(1) 在测试策略制定阶段，制定回归测试策略。

(2) 确定回归测试版本。

(3) 回归测试版本发布，按照回归测试策略执行回归测试。

(4) 回归测试通过，关闭缺陷跟踪单。

(5) 回归测试不通过，缺陷单返回开发人员，等重新修改后，再次做回归测试。

每当一个新的模块被当作集成测试的一部分加进来时，软件就发生了改变。新的数据流路径建立起来，新的 I/O 操作可能也会出现，还有可能激活了新的控制逻辑。这些改变可能会使原本工作得很正常的功能产生错误。在集成测试策略的环境中，回归测试是对某些已经进行过的测试的某些子集再重新进行一遍测试，以保证改变不会产生无法预料的副作用。

4. 回归测试与一般测试的比较

回归测试与一般测试具有如下不同点，分别从测试计划的可获性、测试范围、时间分配、开发信息、完成时间和执行频率几方面进行介绍。

(1) 测试计划的可获性：一般测试根据系统规格说明书和测试计划，测试用例都是新的。而回归测试可能是更改了的规格说明书、修改过的程序和需要更新的测试计划。

(2) 测试范围：一般测试目标是检测整个程序的正确性，而回归测试目标是检测被修改的相关部分的正确性以及它与系统原有功能的整合。

(3) 时间分配：一般测试所需时间通常是在软件开发之前预算，而回归测试所需的时间(尤其是修正性的回归测试)往往不包含在整个产品进度表中。

(4) 开发信息：一般测试关于开发的知识和信息随时获取。而回归测试可能会在不同的地点和时间进行，需要保留开发信息以保证回归测试的正确性。

(5) 完成时间：由于回归测试只需测试程序的一部分，完成所需时间通常比一般测试所需时间少。

(6) 执行频率：回归测试在一个系统的生命周期内往往要多次进行，一旦系统经过修改就需要进行回归测试。

2.6 习　　题

一、选择题

1. 软件测试是软件质量保证的重要手段，(　　)是软件测试的最基础环节。

A. 功能测试　　　　B. 单元测试　　　　C. 结构测试　　　　D. 确认测试

2. 单元测试的测试对象是(　　)。

A. 系统　　　　　　B. 程序模块　　　　C. 模块接口　　　　D. 系统功能

3. 下列关于 α 测试的描述中准确的是(　　)。

A. α 测试需要用户代表参加　　　　　　B. α 测试不需要用户代表参加

C. α 测试是系统测试的一种　　　　　　D. α 测试是验收测试的一种

4. 下列对于软件的 β 测试，(　　)的描述是正确的。

A. β 测试就是在软件公司内部展开的测试，由公司专业的测试人员执行的测试

B. β 测试就是在软件公司内部展开的测试，由公司非专业的测试人员执行的测试

C. β 测试就是在软件公司外部展开的测试，由专业的测试人员执行的测试

D. β 测试就是在软件公司外部展开的测试，由非专业的测试人员执行的测试

5. 以下对单元测试的说法，不正确的是(　　)。

A. 单元测试的主要目的是针对编码过程中可能存在的各种错误

B. 单元测试一般是由程序开发人员完成的

C. 单元测试是一种不需要关注程序结构的测试

D. 单元测试属于白盒测试的一种

6. 软件测试计划描述了(　　)。

A. 软件的性质　　　　　　　　　　B. 软件的功能和测试用例

C. 软件的规定动作　　　　　　　　D. 对于预定的测试活动将要采取的手段

7. 软件设计阶段的测试主要采取的方式是(　　)。

A. 评审　　　　　B. 白盒测试　　　　C. 黑盒测试　　　　D. 动态测试

8. 软件验收测试的合格通过准则是(　　)。

A. 软件需求分析说明书中定义的所有功能已全部实现，性能指标全部达到要求

B. 所有测试项没有残余一级、二级和三级错误

C. 立项审批表、需求分析文档、设计文档和编码实现一致

D. 验收测试工件齐全

9. 在集成测试用例设计的过程中，要满足的基本要求是(　　)。

A. 保证测试用例的正确性

B. 保证测试用例能无误地完成测试项既定的测试目标

C. 保证测试用例的简单性

D. 保证测试用例能满足相应的覆盖率要求

10. 单元测试时用于代替被调用模块的是(　　)。

A. 桩模块　　　　　B. 通信模块　　　　C. 驱动模块　　　　D. 代理模块

二、简答题

1. 软件测试的生命周期是什么？

2. 单元测试与集成测试有什么区别？

3. 单元测试与系统测试有什么区别？

4. 简述集成测试和系统测试的区别。

5. 集成测试策略主要有哪些？

6. α 测试与 β 测试的区别是什么？

7. 常用的回归测试的测试用例有几种选择方法？

第3章 黑 盒 测 试

本章介绍黑盒测试的基本概念，就等价类划分、边界值分析、决策表、因果图以及场景法几种测试方法进行详细的说明。

3.1　黑盒测试概述

黑盒测试也称功能测试，它通过测试来检测每个功能是否都能正常使用。在测试中，把程序看作一个不能打开的黑盒子，在完全不考虑程序内部结构和内部特性的情况下，对程序接口进行测试，它只检查程序功能是否按照需求规格说明书的规定正常使用，程序是否能适当地接收输入数据而产生正确的输出信息。

黑盒测试着眼于程序外部结构，不考虑内部逻辑结构，主要针对软件界面和软件功能进行测试。

黑盒测试是以用户的角度，从输入数据与输出数据的对应关系出发进行测试。如果外部特性本身有问题或需求规格说明的规定有误，则黑盒测试方法就无法发现问题。黑盒测试法注重于测试软件的功能需求，主要试图发现下列几类错误。

· 功能不正确或遗漏；

· 界面错误；

· 数据库访问错误；

· 性能错误；

· 初始化和终止错误。

黑盒测试用例设计方法包括等价类划分、边界值分析、决策表、因果图、场景法等。

3.2　等 价 类 划 分

等价类划分

等价类是指某个输入域的子集合。在该子集合中，测试某等价类的代表值就等于对这一类其他值的测试，对于揭露程序的错误是等效的。因此，全部输入数据合理划分为若干等价类，在每一个等价类中取一个数据作为测试的输入条件，就可以用少量代表性的测试数据取得较好的测试结果。

等价类划分为有效等价类和无效等价类两种情况。

(1) 有效等价类：对于程序的规格说明来说是合理的、有意义的输入数据构成的集合，利用有效等价类可检验程序是否实现了规格说明中所规定的功能和性能。

(2) 无效等价类：与有效等价类相反，是指对程序的规格说明无意义、不合理的输入数据构成的集合。

3.2.1　划分原则

按照如下几条规则对等价类进行划分：

(1) 如果规定了输入值的范围，则可定义一个有效等价类和两个无效等价类。

(2) 当规定了输入的规则时，可以划分出一个有效的等价类(符合规则)和若干无效的等价类(从不同角度违反规则)。

(3) 如果规定了输入数据的一组值，且程序对不同输入值做不同处理，则每个允许的输入值是一个有效等价类，并有一个无效等价类(所有不允许的输入值的集合)。

(4) 如果规定了输入数据是整型，则可划分出正整数、零、负整数三个有效等价类。

(5) 当处理表格时，有效类可分为空表、含一项的表、含多项的表等。

3.2.2　等价类划分应用举例

采用等价类设计测试用例一般经历如下步骤：

(1) 形成等价类表，每一等价类规定一个唯一的编号；

(2) 设计一个测试用例，使其尽可能多地覆盖尚未覆盖的有效等价类，重复这一步骤，直到所有有效等价类均被测试用例所覆盖；

(3) 设计一个新测试用例，使其只覆盖一个无效等价类，重复这一步骤直到所有无效等价类均被覆盖(通常程序执行一个错误后不继续检测其他错误，故每次只测试一个无效类)。

【例 3-1】　某网站注册用户名的输入框要求：用户名是由字母开头，后跟字母或数字的任意组合构成。有效字符数不超过 8 个。

【解答】　设计等价类划分如下：

有效等价类划分

Username={0<全字母和全数字且开头<8}

Username={0<字母开头+数字<8}

无效等价类划分

Username={0<全字母和全数字且开头<8}

Username={0<数字开头+字母<8}

边界分析法

3.3　边 界 值 分 析

实践证明，大量的错误是发生在输入或输出范围的边界上，而不是发生在输入或输出范围的内部，因此，针对各种边界情况设计测试用例可以查出更多的错误。

常见的边界值如下：

(1) 文本框接受字符个数，比如用户名长度、密码长度等。

(2) 报表的第一行和最后一行。

(3) 数组元素的第一个和最后一个。

(4) 循环的第 1 次、第 2 次和倒数第 2 次、最后 1 次。

3.3.1 边界值分析设计原则

边界值分析作为等价类划分方法的补充，不是选取等价类中的典型值或任意值作为测试数据，而是通过选择等价类的边界值作为测试用例。

基于边界值分析法选择测试用例有如下原则：

(1) 如果输入条件规定了值的范围，则应取刚达到这个范围的边界的值，以及刚刚超越这个范围边界的值作为测试输入数据。

(2) 如果输入条件规定了值的个数，则用最大个数，最小个数，比最小个数少一，比最大个数多一的数作为测试数据。

(3) 如果规格说明书给出的输入域或输出域是有序集合，则应选取集合的第一个元素和最后一个元素作为测试用例。

(4) 如果程序中使用了内部数据结构，则应选择内部数据结构的边界上的值作为测试用例。

(5) 分析规格说明，找出其他可能的边界条件。

3.3.2 边界值分析的两类方法

边界值分析包括一般边界值分析和健壮性边界值分析两种方法。

1. 一般边界值分析

对于含有 n 个变量的程序，取值为 Min、Min+、Normal、Max−、Max，测试用例数目为 $4 \times n+1$。一般边界值分析法的输入变量 X_1、X_2 的取值范围是 $a \leqslant X_1 \leqslant b$，$c \leqslant X_2 \leqslant d$，如图 3.1 所示。

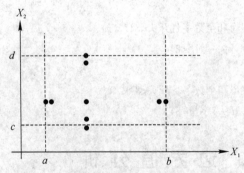

图 3.1 两变量的一般边界值分析测试用例

2. 健壮性边界值分析

健壮性边界值测试是边界值分析的一种扩展。变量除了取 min、min+、nom、max−、max 五个边界值外，还要考虑略超过最大值(max+)以及略小于最小值(min−)的取值，因此对于含有 n 个变量的程序，健壮性边界值分析产生 $6n+1$ 个测试用例。健壮性边界值分析的输入变量为 X_1、X_2，其取值如图 3.2 所示。

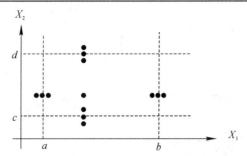

图 3.2　两变量的健壮性边界值分析测试用例

3.3.3　边界值分析应用举例

【例 3-2】采用一般性边界值分析法和健壮性边界值分析法设计三角形问题的测试用例。(三角形的三边 A、B、C 取值区间为 1~100)

【解答】　一般性边界值分析法的测试用例如表 3.1 所示。

表 3.1　一般性边界值分析法的测试用例

测试用例	A	B	C	预期输出
Test1	1	50	50	等腰三角形
Test2	2	50	50	等腰三角形
Test3	99	50	50	等腰三角形
Test4	100	50	50	非三角形
Test5	50	1	50	等腰三角形
Test6	50	2	50	等腰三角形
Test7	50	99	50	等腰三角形
Test8	50	100	50	非三角形
Test9	50	50	1	等腰三角形
Test10	50	50	2	等腰三角形
Test11	50	50	99	等腰三角形
Test12	50	50	100	非三角形
Test13	50	50	50	等边三角形

健壮性边界值分析法的测试用例如表 3.2 所示。

表 3.2　健壮性边界值分析法的测试用例

测试用例	A	B	C	预期输出
Test1	0	50	50	无效输入
Test2	1	50	50	等腰三角形
Test3	2	50	50	等腰三角形
Test4	99	50	50	等腰三角形
Test5	100	50	50	非三角形
Test6	101	50	50	无效输入

Test7	50	0	50	无效输入
Test8	50	1	50	等腰三角形
Test9	50	2	50	等腰三角形
Test10	50	99	50	等腰三角形
Test11	50	100	50	非三角形
Test12	50	101	50	无效输入
Test13	50	0	0	无效输入
Test14	50	50	1	等腰三角形
Test15	50	50	2	等腰三角形
Test16	50	50	99	等腰三角形
Test17	50	50	100	非三角形
Test18	50	50	101	无效输入
Test19	50	50	50	等边三角形

3.4　决　策　表

决策表

决策表又称为判定表，是分析多种逻辑条件下执行不同操作的技术。在程序设计发展的初期，决策表作为程序编写的辅助工具。决策表可以把复杂的逻辑关系和多种条件组合情况表达明确，与高级程序设计语言中的 if-else、switch-case 等分支结构语句类似，将条件判断与执行的动作联系起来。但与程序语言中的控制语句不同的是，决策表能将多个独立的条件和多个动作联系清晰地表示出来。

决策表由四个部分组成，如图 3.3 所示。

图 3.3　决策表的组成

(1) 条件桩：列出了问题的所有条件，通常认为列出的条件次序无关紧要。

(2) 动作桩：列出了问题规定可能采取的操作，这些操作的排列顺序没有约束。

(3) 条件项：列出了针对条件桩的取值在所有可能情况下的真假值。

(4) 动作项：列出了在条件项的各种取值的有机关联情况下应该采取的动作。

规则：任何条件组合的特定取值及其相应要执行的操作。在决策表中贯穿条件项和动作项的列就是规则。显然，决策表中列出多少条件取值，也就对应有多少规则，条件项和动作项就有多少列。

所有条件都是逻辑结果(即真/假、是/否、0/1)的决策表称为有限条件决策表。如果条件有多个值,则对应的决策表叫作扩展条目决策表。使用决策表设计测试用例时,条件解释为输入,动作解释为输出。

决策表适合具有以下特征的应用程序:

(1) if-then-else 分支逻辑突出;

(2) 输入变量之间存在逻辑关系;

(3) 涉及输入变量子集的计算;

(4) 输入和输出之间存在因果关系;

(5) 很高的圈复杂度。

决策表中具有n个条件的有限条目决策表有2^n个规则,可通过如下方法减少规则数目,如使用扩展条目决策表、代数简化表、查找条件条目的重复模式等。

如表 3.3 所示,打印机工作用决策表右上部分的"Y"表示左边条件成立,"N"表示左边条件不成立。决策表右下部分中的"√"表示做它左边的相应动作,空白表示不做这项动作。

表 3.3 使用决策表设计打印机的测试用例

条件	不能打印	Y	Y	Y	Y	N	N	N
	红灯闪	Y	Y	N	N	Y	Y	N
	不能识别打印机	Y	N	Y	N	Y	N	Y
动作	检查电源线			√				
	检查打印机数据线	√		√				
	检查是否安装驱动程序	√		√		√		√
	检查墨盒	√	√			√	√	
	检查是否卡纸		√		√			

3.4.1 决策表应用举例

使用决策表设计测试用例的具体步骤如下:

(1) 确定规则的个数。假如有 n 个条件,每个条件有两个取值(0, 1),故有2^n种规则。

(2) 列出所有的条件桩和动作桩。

(3) 填入条件项。

(4) 填入动作项,得到初始决策表。

(5) 简化,合并相似规则(相同动作)。

【例 3-3】 某国有企业改革重组,对职工重新分配工作的政策是:年龄在 20 岁以下者,初中文化程度脱产学习,高中文化程度当电工;年龄在 20 岁到 30 岁之间者,中学文化程度男性当钳工,女性当车工,大学文化程度都当技术员。年龄在 30 岁以上者,中学文化程度当材料员,大学文化程度当技术员。请用决策表描述上述问题的加工逻辑。

【解答】 步骤 1:分析程序规格说明书,识别哪些是原因,哪些是结果,原因往往是输入条件或者输入条件的等价类,而结果常常是输出条件。条件取值如表 3.4 所示。

表 3.4　条 件 取 值 表

条件名	取值	符号	取值数
年龄	≤20	C	
	>20，<30	D	M1=3
	≥30	E	
文化程度	中学	G	
	高中	H	M2=3
	大学	I	
性别	男	M	
	女	F	M3=2

步骤 2：根据决策表设计测试用例。根据公式 M1×M2×M3=3×3×2=18 列，由题意及规则进行简化，可得出使用决策表分配工作的测试用例如表 3.5 所示。

表 3.5　使用决策表分配工作的测试用例

	1	2	3	3	5	6	7	8	9	10
年龄	C	C	D	D	D	D	D	E	E	E
文化	G	H	H	G	G	H	I	G	H	I
性别	—	—	M	M	F	F	—	—	—	—
脱产学习	√									
电工		√								
钳工			√	√						
车工					√	√				
技术员							√			√
材料员								√	√	

3.4.2　决策表的优点和缺点

决策表把复杂问题的各种可能情况一一列出，易于理解。但是，决策表有不能表达重复执行动作的缺点。

B.Beizer 指出使用决策表设计测试用例的条件：

(1) 规格说明以决策表形式给出，或很容易转换成决策表。

(2) 条件的排列顺序不会也不影响执行哪些操作。

(3) 规则的排列顺序不会也不影响执行哪些操作。

(4) 每当某一规则的条件已经满足，并确定要执行的操作后，不必检验别的规则。

(5) 如果某一规则得到满足要执行多个操作，则这些操作的执行顺序无关紧要。

这 5 个必要条件使得操作的执行完全依赖于条件的组合，对于不满足条件的决策表，可增加其他的测试用例。

3.5 因 果 图

因果图

等价类划分法和边界值分析法只是孤立地考虑各个输入数据的测试效果，没有考虑输入数据的组合及其相互制约关系。这样虽然各种输入条件可能出错的情况已经被测试到了，但多个输入条件组合起来可能出错的情况却被忽视了。如果在测试时必须考虑输入条件的各种组合，则可能的组合数目将是天文数字，因此必须考虑采用一种适合于描述多种条件的组合，相应产生多个动作的形式来进行测试用例设计的模型，这就需要利用因果图(逻辑模型)来实现。

因果图利用图解法分析输入的各种组合情况，适合于描述多种输入条件的组合，相应产生多个动作的方法。因果图具有如下好处：

(1) 考虑多个输入之间的相互组合、相互制约关系。

(2) 指导测试用例的选择，指出需求规格说明描述中存在的问题。

(3) 能够帮助测试人员按照一定的步骤，高效率地开发测试用例。

(4) 因果图法是一种严格地将自然语言规格说明转化成形式语言规格说明的方法，可以指出规格说明存在的不完整性和二义性。

3.5.1 因果图的基本图形符号

下面介绍因果图的基本图形符号。

1. 原因-结果图

原因-结果图使用了简单的逻辑符号，以直线连接左右结点。左结点表示输入状态(原因)，右结点表示输出状态(结果)。图 3.4 表示规格说明中的 3 种因果关系，其中 c_i 表示原因，通常置于图的左部；e_i 表示结果，通常在图的右部。c_i 和 e_i 均可取值 0 或 1(0 表示某状态不出现，1 表示某状态出现)。

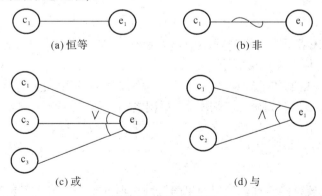

图 3.4 原因-结果图

图 3.4 的图(a)表示"恒等"关系，即若 c_i 是 1，则 e_i 也是 1；否则 e_i 为 0。图(b)表示"非"关系，即若 c_i 是 1，则 e_i 是 0；否则 e_i 是 1。图(c)表示"或"关系，"或"可有任意个输入。若 c_1 或 c_2 或 c_3 是 1，则 e_i 是 1；否则 e_i 为 0。图(d)表示"与"关系，也可有任意个输入。若 c_1 和 c_2 都是 1，则 e_i 为 1；否则 e_i 为 0。

2. 约束图

输入/输出状态相互之间存在的某些依赖关系,称为约束。例如某些输入条件不可能同时出现等,如图 3.5 所示。

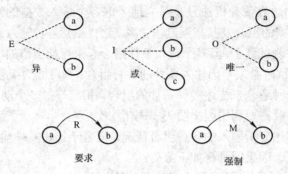

图 3.5　约束图

(1) E 约束(Exclusive,异或):a 和 b 中至多有一个可能为 1,即 a 和 b 不能同时为 1。

(2) I 约束(Inclusive,包含):a、b 和 c 至少有一个是 1,即 a、b 和 c 不能同时为 0。

(3) O 约束(One and Only,唯一):a 和 b 必须有一个,且仅有一个为 1。

(4) R 约束(Require,要求):a 是 1 时,结果 b 是 1。

(5) M 约束(Masks,强制):a 是 1 时,结果 b 是 0。

因果图设计测试用例需要如下步骤,如图 3.6 所示。

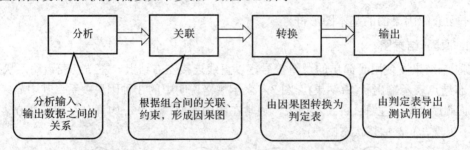

图 3.6　因果图生成测试用例的步骤示意图

(1) 分析软件规格说明,哪些是原因(即输入条件或输入条件的等价类),哪些是结果(即输出条件),给每个原因和结果赋予标识符。

(2) 分析原因与结果之间、原因与原因之间对应的逻辑关系,用因果图的方式表示出来。

(3) 由于语法或环境限制,有些原因与原因之间、原因与结果之间的组合情况不可能出现,在因果图上用一些记号表明这些特殊情况的约束或限制条件。

(4) 把因果图转换为判定表。

(5) 从判定表的每一列产生出测试用例。

对于逻辑结构复杂的软件,先用因果图进行图形分析,再用判定表进行统计,最后设计测试用例。当然,对于比较简单的测试对象,可以忽略因果图,直接使用判定表。

3.5.2　因果图应用举例

【例 3-4】 软件需求规格说明如下:第一列字符必须是 A 或 B,第二列字符必须是一个数字，在此情况下进行文件的修改。但如果第一列字符不正确，则给出信息 L；如果第二列字符不是数字，则给出信息 M。

【解答】 采用因果图方法的具体步骤如下：

(1) 分析程序规格说明书，识别哪些是原因，哪些是结果，原因往往是输入条件或者输入条件的等价类，而结果常常是输出条件，如下所示：

原因：

1——第一列字符是 A；

2——第一列字符是 B；

3——第二列字符是一个数字。

结果：

21——修改文件；

22——给出信息 L；

23——给出信息 M。

(2) 根据原因和结果产生因果图，如图 3.7 所示。

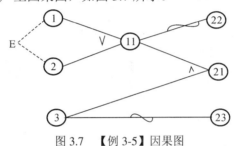

图 3.7 【例 3-5】因果图

(3) 状态 1 和状态 2 不能同时为 1，输入 3 个状态只有 6 种取值，如表 3.6 所示。

表 3.6 决 策 表

		1	2	3	3	5	6
原因	1	1	1	0	0	0	0
	2	0	0	1	1	0	0
	3	1	0	1	0	1	0
结果	21	0	0	0	0	1	1
	22	1	0	1	0	0	0
	23	0	1	0	1	0	1
测试用例		A3	AM	B5	BN	C2	DY
		A5	A7	B3	B!	X6	P;

3.6 场 景 法

软件系统中流程的控制都由事件触发。例如，申请一个项目，需先提交审批单据，再由部门经理审批，审核通过后由总经理来最终审批；如果部门经理审核不通过，就直接退回。同一事件不同的触发顺序和处理结果形成事件流，每个事件流触发时的情景便形成了场景。通过运用场景来对系统的功能点或业务流程进行描述，可以提高测试效果。

3.6.1　基本流和备选流

　　场景法一般包含基本流和备选流(也叫备用流)，从一个流程开始，通过描述经过的路径来确定过程，经过遍历所有的基本流和备用流来完成整个场景。场景法的描述如图 3.8 所示，图中经过用例的每条路径都用基本流和备选流来表示，直黑线表示基本流，是经过用例的最简单的路径。备选流用不同的色彩表示，一个备选流可能从基本流开始，在某个特定条件下执行，然后重新加入基本流中(如备选流 1 和 3)；也可能起源于另一个备选流(如备选流 2)，或者终止用例而不再重新加入到某个流(如备选流 2 和 4)。

　　场景法的基本设计步骤如下：

　　(1) 根据说明，描述程序的基本流及各项备选流。

　　(2) 根据基本流和各项备选流生成不同的场景。

　　(3) 对每一个场景生成相应的测试用例。

　　(4) 对生成的所有测试用例重新复审，去掉多余的测试用例，测试用例确定后，对每一个测试用例确定测试数据值。

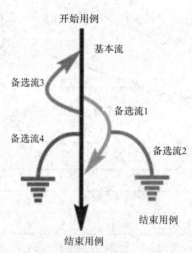

图 3.8　基本流和备选流

　　图 3.8 中，有一个基本流和四个备选流。每条经过用例的可能路径，确定不同的用例场景。从基本流开始，再将基本流和备选流结合起来，可以确定以下用例场景：

场景 1: 基本流

场景 2: 基本流→备选流 1

场景 3: 基本流→备选流 1→备选流 2

场景 4: 基本流→备选流 3

场景 5: 基本流→备选流 3→备选流 1

场景 6: 基本流→备选流 3→备选流 1→备选流 2

场景 7: 基本流→备选流 4

场景 8: 基本流→备选流 3→备选流 4

3.6.2 场景法应用举例

【例 3-5】 采用场景法设计 ATM 系统的测试用例。

【解答】 步骤如下:

(1) 需求分析。图 3.9 是 ATM 系统的流程示意图。

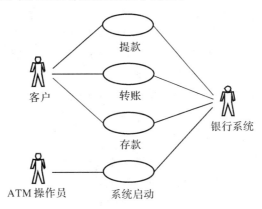

图 3.9 ATM 流程示意图

(2) 场景设计。图 3.9 中所示 ATM 系统中的基本流和某些备选流如表 3.7 所示。

表 3.7 基本流和备选流

	本用例的开始是 ATM 处于准备就绪状态	
	步骤 1:	准备提款:客户将银行卡插入 ATM 机的读卡机
	步骤 2:	验证银行卡:ATM 机从银行卡的磁条中读取账户代码,并检查它是否属于可以接收的银行卡
	步骤 3:	输入 PIN 码(3 位)验证账户代码和 PIN,以确定该账户是否有效以及所输入的 PIN 对该账户来说是否正确。对于此事件流,账户是有效的,而且 PIN 对此账户来说正确无误输入 PIN:ATM 对客户的要求
基本流	步骤 4:	ATM 选项:ATM 显示在本机上可用的各种选项。在此事件流中,银行客户通常选择"提款"
	步骤 5:	输入金额:要从 ATM 中提取的金额。对于此事件流,客户需选择预设的金额(10 元、20 元、50 元或 100 元)。授权 ATM 通过将卡 ID、PIN、金额以及账户信息作为一笔交易发送给银行系统来启动验证过程。对于此事件流,银行系统处于联机状态,而且对授权请求给予答复,批准完成提款过程,并且据此更新账户余额
	步骤 6:	出钞:提供现金
	步骤 7:	返回银行卡:银行卡被返还
	步骤 8:	收据:打印收据并提供给客户。ATM 还相应地更新内部记录
	用例结束时 ATM 又回到准备就绪状态	

续表

备选流1——银行卡无效	在基本流步骤 2 中验证银行卡,如果卡是无效的,则卡被退回,同时会通知相关消息
备选流 2——ATM 内没有现金	在基本流步骤 4 中 ATM 选项将无法使用。如果 ATM 内没有现金,则"提款"选项不可用
备选流 3——ATM 内现金不足	在基本流步骤 5 中输入金额,如果 ATM 机内金额少于请求提取的金额,则将显示一则适当的消息,并且在步骤 6 输入金额处重新加入基本流
备选流 4——PIN 有误	在基本流步骤 3 中验证账户和 PIN,客户有三次机会输入 PIN。如果 PIN 输入有误,则 ATM 将显示适当的消息;如果还存在输入机会,则此事件流在步骤 3 输入 PIN 处重新加入基本流。如果最后一次尝试输入的 PIN 码仍然错误,则该卡将被 ATM 机保留,同时 ATM 返回到准备就绪状态,本用例终止
备选流 5——账户不存在	在基本流步骤 3 中验证账户和 PIN,如果银行系统返回的代码表明找不到该账户或禁止从该账户中提款,则 ATM 显示适当的消息并且在步骤 8 返回银行卡处重新加入基本流
备选流 6——账面金额不足	在基本流步骤 6 出钞中,银行系统返回代码表明账户余额少于在基本流步骤 5 输入金额内输入的金额,则 ATM 显示适当的消息并且在步骤 5 输入金额处重新加入基本流
备选流 7——达到每日最大的提款金额	在基本流步骤 6 出钞中,银行系统返回的代码表明包括本提款请求在内,客户已经或将超过在 23 小时内允许提取的最多金额,则 ATM 显示适当的消息并在步骤 5 输入金额处重新加入基本流
备选流 x——记录错误	如果在基本流步骤 8 收据中,记录无法更新,则 ATM 进入"安全模式",在此模式下所有功能都将暂停使用。同时向银行系统发送一条适当的警报信息,表明 ATM 已经暂停工作
备选流 y——退出	客户可随时决定终止交易(退出)。交易终止,银行卡随之退出
备选流 z——"翘起"	ATM 包含大量的传感器,用以监控各种功能,如电源检测器、不同的门和出入口处的测压器以及动作检测器等。在任一时刻,如果某个传感器被激活,则警报信号将发送给警方而且 ATM 进入"安全模式",在此模式下所有功能都暂停使用,直到采取适当的重启/重新初始化的措施

第一次迭代中,根据迭代计划,我们需要核实提款用例已经正确地实施。此时尚未实施整个用例,只实施了下面的事件流:

基本流——提取预设金额(10 元、20 元、50 元、100 元)

备选流 2——ATM 内没有现金

备选流 3——ATM 内现金不足

备选流 4——PIN 有误

备选流 5——账户不存在/账户类型有误

备选流 6——账面金额不足

表 3.8 所示是 ATM 生成的场景。

表3.8 场 景 设 计

场景 1——成功提款	基本流	
场景 2——ATM 内没有现金	基本流	备选流 2
场景 3——ATM 内现金不足	基本流	备选流 3
场景 4——PIN 有误（还有输入机会）	基本流	备选流 4
场景 5——PIN 有误（不再有输入机会）	基本流	备选流 4
场景 6——账户不存在/账户类型有误	基本流	备选流 5
场景 7——账户余额不足	基本流	备选流 6

注：为方便起见，备选流 3 和 6（场景 3 和 7）内的循环以及循环组合未纳入上表。

(3) 用例设计。对于这 7 个场景中的每一个场景都需要确定测试用例，一般采用矩阵或决策表来确定和管理测试用例。例 3-6 中测试用例包含测试用例 ID、场景/条件、测试用例中涉及的所有数据元素和预期结果等项目。首先确定执行用例场景所需的数据元素，然后构建矩阵，最后要确定包含执行场景所需的适当条件的测试用例。表 3.9 中"行"代表各个测试用例；"列"代表测试用例的信息；V 表示这个条件必须是有效的，才可执行基本流；I 表示这种条件下将激活所需备选流；n/a 表示这个条件不适用于测试用例。

表3.9 测 试 用 例 表

TC（测试用例）ID 号	场景/条件	PIN	账号	输入(或选择)的金额	账面金额	ATM 内的金额	预期结果
CW1	场景 1：成功提款	V	V	V	V	V	成功提款
CW2	场景 2：ATM 内没有现金	V	V	V	V	I	提款选项不可用，用例结束
CW3	场景 3：ATM 内现金不足	V	V	V	V	I	警告消息，返回基本流步骤 5，输入金额
CW4	场景 4：PIN 有误（还有不止一次输入机会）	I	V	n/a	V	V	警告消息，返回基本流步骤 3，输入 PIN
CW5	场景 4：PIN 有误（还有一次输入机会）	I	V	n/a	V	V	警告消息，返回基本流步骤 3，输入 PIN
CW6	场景 4：PIN 有误（不再有输入机会）	I	V	n/a	V	V	警告消息，卡予保留，用例结束

表 3.9 中，6 个测试用例执行了 4 个场景。测试用例 CW1 被称为正面测试用例，它一直沿着用例的基本流路径执行。基本流的全面测试必须包括负面测试用例，以确保只有在

符合条件的情况下才执行基本流。这些负面测试用例由 CW2～CW6 表示。

每个场景只有一个正面测试用例和一个负面测试用例是不充分的，场景 4 正是这样的一个示例。要全面地测试场景 4(PIN 有误)，至少需要三个正面测试用例，以激活场景 4：

① 输入了错误的 PIN，但仍存在输入机会，此备选流重新加入基本流中的步骤 3(输入 PIN)。

② 输入了错误的 PIN，而且不再有输入机会，则此备选流将保留银行卡并终止用例。

③ 最后一次输入了"正确"的 PIN。备选流在步骤 5(输入金额)处重新加入基本流。

(4) 数据设计。一旦确定了所有的测试用例，则应对这些用例进行复审和验证以确保其准确且适度，并取消多余或等效的测试用例，如表 3.10 所示。

表 3.10 测 试 用 例 表

TC（测试用例）ID 号	场景/条件	PIN	账号	输入(或选择)的金额/元	账面金额/元	ATM 内的金额/元	预期结果
CW1	场景 1：成功提款	4987	678-498	50.00	500.00	2 000	成功提款。账户余额被更新为 450.00
CW2	场景 2：ATM 内没有现金	4987	678-498	100.00	500.00	0.00	提款选项不可用，用例结束
CW3	场景 3：ATM 内现金不足	4987	678-498	100.00	500.00	70.00	警告消息，返回基本流步骤 5，输入金额
CW4	场景 4：PIN 有误(还有不止一次输入机会)	4978	678-498	n/a	500.00	2 000	警告消息，返回基本流步骤 3，输入 PIN
CW5	场景 4：PIN 有误(还有一次输入机会)	4978	678-498	n/a	500.00	2 000	警告消息，返回基本流步骤 3，输入 PIN
CW6	场景 4：PIN 有误(不再有输入机会)	4978	678-498	n/a	500.00	2 000	警告消息，保留银行卡，用例结束

测试用例一经认可，就可以确定实际数据值并且设定测试数据。以上测试用例只是在本次迭代中需要用来验证提款用例的一部分测试用例。需要的其他测试用例包括以下内容。

场景 6——账户不存在/账户类型有误：未找到账户或账户不可用；

场景 6——账户不存在/账户类型有误：禁止从该账户中提款；

场景 7——账户余额不足：请求的金额超出账面金额。

<h1 align="center">3.7 习 题</h1>

一、选择题

1. 黑盒测试用例设计技术包括( )等。

A. 等价类划分法、因果图法、边值分析法、错误推测法、判定表驱动法

B. 等价类划分法、因果图法、边值分析法

C. 等价类划分法、因果图法、边值分析法、功能图法

D. 等价类划分法、因果图法、边值分析法、场景法

2. 黑盒测试的(　　)方法经常与其他方法结合起来使用。

A. 边值分析　　　B. 等价类划分　　　C. 错误猜测　　　D. 因果图

3. 等价类划分完成后，就可得出(　　)，它是确定测试用例的基础。

A. 有效等价类　　B. 无效等价　　　C. 等价类表　　　D. 测试用例集

4. 在设计测试用例时，(　　)是用得最多的一种黑盒测试方法。

A. 等价类划分　　B. 边值分析　　　C. 因果图　　　　D. 功能图

5. 在黑盒测试中，着重检查输入条件的组合的测试用例设计方法是(　　)。

A. 等价类划分　　B. 边值分析　　　C. 错误推测法　　D. 因果图法

6. 除了测试程序外，黑盒测试还适用于对(　　)阶段的软件文档进行测试。

A. 编码　　　　　B. 软件详细设计　　C. 软件总体设计　D. 需求分析

7. 由因果图转换出来的(　　)是确定测试用例的基础。

A. 判定表　　　　B. 约束条件表　　　C. 输入状态表　　D. 输出状态表

8. 下面为 C 语言程序，边界值问题可以定位在(　　)。

```
int data(3)
int i
for (i=1，i<=3，i++)
data(i)= 100
```

A. data(0)　　　　B. data(1)　　　　C. data(2)　　　　D. data(3)

9. 假定 X 为整数类型变量，X≥1 并且 X≤10，如果用边界值分析法，则 X 在测试中应该取(　　)值。

A. 1，10　　　　　　　　　　　B. 0，1，10，11

C. 1，11　　　　　　　　　　　D. 1，5，10，11

10 用黑盒技术设计测试用例的方法之一为(　　)

A. 因果图　　　　B. 逻辑覆盖　　　C. 循环覆盖　　　D. 基本路径测试

二、　设计题

1. 采用决策表设计阅读课文的情况的相关测试用例。

2. 某一软件项目的规格说明书是：对于处于提交审批状态的单据，若数据完整率达到80%以上或已经过业务员确认，则进行处理。要求：采用基于因果图的方法为该软件项目设计决策表。

3. 售货机软件若投入 1.5 元硬币，则按"可乐""雪碧"或"红茶"按钮，相应的饮料被送出来；若投入的是 2 元硬币，则在送出饮料的同时退还 5 角硬币。请用因果图设计测试用例。

第4章 白盒测试

本章介绍白盒测试的相关技术，如逻辑覆盖法、路径分析、控制结构测试以及数据流测试。其中，逻辑覆盖法包括语句覆盖、判定覆盖、条件覆盖、条件判定覆盖、修正条件判定覆盖、条件组合覆盖和路径覆盖几种测试方法。

4.1 白盒测试概述

白盒测试是对软件的过程性细节做细致的检查，把测试对象看作一个打开的盒子，允许测试人员利用程序内部的逻辑结构及有关信息，设计或选择测试用例，对程序所有逻辑路径进行测试。通过在不同点检查程序状态，确定实际状态是否与预期的状态一致。

白盒测试只测试软件产品的内部结构和处理过程，而不测试软件产品的功能，用于纠正软件系统在描述、表示和规格上的错误，是进一步测试的前提。白盒测试分静态和动态两种：静态白盒测试是在不执行的条件下有条理地仔细审查软件设计、体系结构和代码，从而找出软件缺陷的过程，有时也称为结构分析；动态白盒测试也称结构化测试，通过查看并使用代码的内部结构，设计和执行测试。

白盒测试具有逻辑覆盖法、路径分析、控制结构测试、数据流测试几种方法，下面依次进行介绍。

4.2 逻辑覆盖法

逻辑覆盖方法，又称为控制流覆盖，是按照程序内部逻辑结构设计测试用例的测试方法，根据程序中的判定(控制流能够分解为不同路径的程序点)和条件(形成判定的原子谓词)控制流覆盖准则来定量度量测试进行程度。

逻辑覆盖方法根据覆盖标准的不同，分为语句覆盖、判定覆盖、条件覆盖、条件判定覆盖、修正条件判定覆盖、条件组合覆盖和路径覆盖。

下面，通过例 4-1 讲解逻辑覆盖方法。

【例 4-1】 C++ 实现简单的数学运算。

代码如下：

```
1. Dim a,b As Integer
2.   Dim c As Double
3.   If (a>0 And b>0)Then
```

4.　　　　c=c/a

5.　　　Ene if

6.　　　If(a>1 or c>1)Then

7.　　　　c=c+1

8.　　　End if

9.　　　c=b+c

例 4-1 流程图如图 4.1 所示。其中Ⅰ、Ⅱ、Ⅲ、Ⅳ、Ⅴ是控制流上的若干程序点。

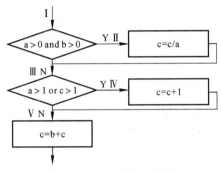

图 4.1　例 4-1 程序流程图

4.2.1　语句覆盖

语句覆盖

语句覆盖又称为线覆盖面或段覆盖面。其含义是指，选择足够数目的测试数据，使被测程序中每条语句至少执行一次。

例 4-1 测试用例选择 a=2，b=2，c=4，程序按照路径Ⅰ→Ⅱ→Ⅲ→Ⅳ→Ⅴ执行，程序段中的 4 个语句均执行，符合语句覆盖。但是，如果测试用例选择 a=2，b=-2，c=4，程序按照路径Ⅰ→Ⅲ→Ⅳ→Ⅴ执行，则未能达到语句覆盖。

语句覆盖测试方法仅仅针对程序逻辑中的显式语句，对隐藏条件无法测试。例 4-1 中第一个逻辑运算符 "and" 误写成 "or"，测试用例 a=2，b=2，c=4 仍能达到语句覆盖的要求，但是并未发现程序中误写错误。

语句覆盖可以直接应用于目标代码，不需要处理源代码，但是，作为最弱逻辑覆盖，语句覆盖对一些控制结构不敏感，由于逻辑覆盖率很低，因此往往不能发现判断中逻辑运算符出现的错误。

4.2.2　判定覆盖

判定覆盖

判定覆盖又称为分支覆盖或所有边覆盖，用于测试控制结构中布尔表达式分别为真和假(例如 if 语句和 while 语句)。布尔型表达式被认为是一个整体，取值为 true 或 false，而不考虑内部是否包含 "逻辑与" 或者 "逻辑或" 等操作符。

判定覆盖的基本思想是指设计的测试用例，使得程序中每个判定至少分别取 "真" 分支和取 "假" 分支经历一次，即判断真假值均被满足。

例 4-1 判定覆盖测试用例分别如表 4.1 或表 4.2 所示。

表 4.1 判定覆盖测试用例 1

测试用例	a>0 and b>0	a>1 or c>1	执行路径
a=1，b=1，c=3	T	T	Ⅰ →Ⅱ →Ⅲ →Ⅳ → Ⅴ
a=1，b=−2，c=−3	F	F	Ⅰ →Ⅲ → Ⅴ

表 4.2 判定覆盖测试用例 2

测试用例	a>0 and b>0	a>1 or c>1	执行路径
a=1，b=1，c=−3	T	F	Ⅰ →Ⅱ →Ⅲ → Ⅴ
a=1，b=−2，c=3	F	T	Ⅰ →Ⅲ →Ⅳ → Ⅴ

判定覆盖作为语句覆盖的超集，比语句覆盖要多几乎一倍的测试路径，当然也就具有比语句覆盖更强的测试能力。同样判定覆盖也具有和语句覆盖一样的简单性，无须细分每个判定就可以得到测试用例。但是，往往大部分的判定语句是由多个逻辑条件组合而成(如判定语句中包含 and、or、case)，若仅仅判断其整个最终结果，而忽略每个条件的取值情况，则必然会遗漏部分测试路径。例如，"or"表达式的第一个条件为真，则第二个条件就不测试。又例如，"and"表达式中第一个条件为假，则第二个条件就不进行判定。分析下面一段 C 语言代码。

```
If (condition1 && condition2)
    Statement1;
Else
    Statement2;
```

当判定 condition1 和 condition2 取值为真时，执行 Statement1 表达式；当判定 condition1 取值为假时，执行 Statement2 表达式。可知，只需判定 condition1 取值为假，而 condition2 取值不管为何，都执行 Statement2 表达式。可以看到，这段代码的控制结构的执行，操作符 "&&"排除 condition2 的影响。

4.2.3 条件覆盖

条件覆盖是设计测试用例，使每个判断中每个条件的可能取值至少满足一次。

条件覆盖

例 4-1 针对 a>0 and b>0 判定条件表达式，a>0 取值为"真"，记为 T1；a>0 取值为"假"，记为 F1；b>0 取值为"真"，记为 T2；b>0 取值为"假"，记为 F2；条件表达式 a>1 or c>1，a>1 取值为"真"，记为 T3；a>1 取值为"假"，记为 F3；c>1 取值为"真"，记为 T4；c>1 取值为"假"，记为 F4。条件覆盖测试用例如表 4.3 所示。

表 4.3 例 4-1 的条件覆盖测试用例

测试用例	覆盖条件	具体取值条件	执行路径
a=2，b=−1，c=−2	T1，F2，T3，F4	a>0，b≤0，a>1，c≤1	Ⅰ →Ⅲ →Ⅳ → Ⅴ
a=−1，b=2，c=3	F1，T2，F3，T4	a≤0，b>0，a≤1，c>1	Ⅰ →Ⅲ →Ⅳ → Ⅴ

条件覆盖比判定覆盖增加了对符合判定情况的测试，增加了测试路径。但是条件覆盖只能保证每个条件至少有一次为真，而不考虑所有的判定结果。表 4.3 中的测试用例 a=2， b= -1 和测试用例 a= -1，b=2 满足了条件覆盖的测试用例，保证了 a>0 and b>0 中的两个条件的可能值(True 和 False)至少满足一次，但是，由于测试用例的所有判定结果都是 False，并没有满足判定覆盖，因此条件覆盖不一定包含判定覆盖。

4.2.4　条件/判定覆盖

条件/判定覆盖

既然判定条件不一定包含条件覆盖，条件覆盖也不一定包含判定覆盖，就自然会提出一种能同时满足两种覆盖标准的逻辑覆盖，这就是条件/判定覆盖(Condition/Decision Coverage，C/DC)，其英文原文是 Condition/Decision Coverage—it combines the requirements for decision coverage with chose for condition coverage. That is，there must be sufficient test cases to toggle the decision outcome between true and false and to toggle each condition value between true and false。解释为：条件/判定覆盖的含义是通过设计足够的测试用例，使得判断条件中的所有条件可能至少执行一次取值，同时，所有判断的可能结果至少执行一次。因此，条件/判定覆盖的测试用例满足如下条件：

(1) 所有条件可能至少执行一次取值；

(2) 所有判断的可能结果至少执行一次。

例 4-1 条件/判定覆盖测试用例如表 4.4 所示。

表 4.4　例 4-1 的条件/判定覆盖测试用例

测试用例	覆盖条件	执行路径
a=2，b=1，c=4	T1，T2，T3，T4	I → II →III→IV → V
a=-1，b=-2，c=-3	F1，F2，F3，F4	I →III→ V

条件/判定覆盖能同时满足判定、条件两种覆盖标准，是判定和条件覆盖设计方法的交集，具有两者的简单性却没有两者的缺点。表面上，条件/判定覆盖测试了所有条件的取值，但事实并非如此，往往某些条件掩盖了另一些条件，并没有覆盖所有的"True 和 False"取值的条件组合情况，会遗漏某些条件取值错误的情况。为彻底地检查所有条件的取值，需要将判定语句中给出的复合条件表达式进行分解，形成由多个基本判定嵌套组成的流程图，以有效地检查所有的条件是否正确。

4.2.5　修正条件/判定覆盖

修正条件/判定覆盖(Modified Condition/Decision Coverage，MC/DC)。其英文原文是 Modified Condition/Decision Coverage— every point of entry and exit in the program has been invoked　at least once，every condition in the program has taken all possible outcomes at least once，and each condition　in a decision has been shown to independently affect a decision's outcome by varying just that condition while holding fixed all other possible conditions。解释为：更改的条件/判定覆盖是判定中每个条件的所有可能结果至少出现一次，每个判定本身的所有可能结果也至少出现一次，每个入口点和出口点至少要唤醒一次，并且每个条件都显示能单独影响判定结果。

MC/DC 定义的前面是条件/判定覆盖准则，后面一句是 MC/DC 特有的判定条件。定义中最关键的字是"单独影响"，也就说明每一次每一个判定条件发生改变，必然会导致一次判定结果的改变，消除判定中的某些条件会被其他的条件所掩盖的问题，从而使得测试更加完备。

MC/DC 的目的就是消除测试过程中的各个单独条件之间的相互影响并且保证每个单独条件能够分别影响判定结果的正确性。

例如，条件 A or 条件 B 的全部测试用例组合如表 4.5 所示。

表 4.5　条件 A or 条件 B 的全部测试用例组合表

测试用例	条件 A	条件 B	结果
1	T	T	T
2	T	F	T
3	F	T	T
4	F	F	F

注：为描述方便，T 表示条件为真(True)，F 表示条件为假(False)。

测试用例对(2，4)说明条件 A 独立地影响测试结果，测试用例对(3，4)说明条件 B 独立地影响测试结果，所以采用测试用例对(2，3，4)进行测试，满足 MC/DC 覆盖准则。

MC / DC 继承了语句覆盖准则，条件/判定覆盖准则，多重条件覆盖等判定条件，同时加入了新的判定条件。例如，表 4.5 中条件 A or 条件 B 误写为条件 A and 条件 B，因为 T ∩ T=T∪T，且 F ∩ F=F∪F，两者所得到的判定结果相同，由此可说明虽然使用了判定条件覆盖(C/DC)准则来测试语句，逻辑表达式中的有些错误仍然不能检测出来。但如果使用 MC/DC 方法，就可以发现这样的错误，原因是 T∪F 值为 T，而 T ∩ F 值为 F，由此可说明中间的操作符号发生了错误。

MC/DC 具有如下优点：

(1) 继承了多重条件覆盖的优点；

(2) 线性地增加了测试用例的数量；

(3) 对操作数及非等式条件变化反应敏感；

(4) 具有更高的目标码覆盖率。

在许多软件系统中，尤其是以嵌入式和实时性为特征的航空机载软件中 MC/DC 得到广泛的应用，如 MC/DC 已经被应用于 RTCA/DO-178B 标准当中，这个标准主要用于美国测试飞行软件的安全性的审查。

4.2.6　条件组合覆盖

条件组合覆盖的基本思想：设计测试用例使得判断中每个条件的所有可能至少出现一次，并且每个判断本身的判定结果也至少出现一次，与条件覆盖的差别是条件组合覆盖不是简单地要求每个条件都出现"真"与"假"两种结果，而是要求这些结果的所有可能组合都至少出现一次。

条件组合覆盖

条件组合覆盖是一种相当强的覆盖准则，可以有效地检查各种可能的条件取值的组合是否正确。它不但可覆盖所有条件的可能取值的组合，还可覆盖所有判断的可取分支，但仍可能有的路径会遗漏掉，测试还不完全。

例 4-1 的条件组合覆盖测试用例如表 4.6 所示。

表 4.6 例 4-1 的条件组合覆盖测试用例 1

编号	覆盖条件取值	判定条件取值	具体条件取值
1	T1，T2	表达式 a>0 and b>0 取 Y	a>0，b>0
2	T1，F2	表达式 a>0 and b>0 取 N	a>0，b≤0
3	F1，T2	表达式 a>0 and b>0 取 N	a≤0，b>0
4	F1，F2	表达式 a>0 and b>0 取 N	a≤0，b≤0
4	T3，T4	表达式 a>1 or c>1 取 Y	a>1，c>1
4	T3，F4	表达式 a>1 or c>1 取 Y	a>1，c≤1
7	F3，T4	表达式 a>1 or c>1 取 Y	a≤1，c>1
8	F3，F4	表达式 a>1 or c>1 取 N	a≤1，c≤1

表 4.6 合并后得到表 4.7

表 4.7 例 4-1 的条件组合覆盖测试用例 2

测试用例	覆盖条件	覆盖判断	覆盖组合	执行路径
a=2，b=1，c=4	T1，T2，T3，T4	表达式 a>0 and b>0 取 Y 分支 表达式 a>1 or c>1 取 Y 分支	编号 1，编号 4	Ⅰ→Ⅱ→Ⅲ→Ⅳ→Ⅴ
a=2，b=−1，c=−2	T1，F2，T3，F4	表达式 a>0 and b>0 取 N 分支 表达式 a>1 or c>1 取 Y 分支	编号 2，编号 4	Ⅰ→Ⅲ→Ⅳ→Ⅴ
a=−1，b=2，c=3	F1，T2，F3，T4	表达式 a>0 and b>0 取 N 分支 表达式 a>1 or c>1 取 Y 分支	编号 3，编号 7	Ⅰ→Ⅲ→Ⅳ→Ⅴ
a=−1，b=−2，c=−3	F1，F2，F3，F4	表达式 a>0 and b>0 取 N 分支 表达式 a>1 or c>1 取 N 分支	编号 4，编号 8	Ⅰ→Ⅲ→Ⅴ

条件组合覆盖准则满足判定覆盖、条件覆盖和条件/判定覆盖准则，但线性地增加了测试用例的数量，并且条件覆盖组合不能保证所有的路径被执行测试。

4.2.7 路径覆盖

程序要得到正确运行结果，必须要保证沿着特定的路径执行。路径覆盖的基本思想：选择足够的测试用例，使得程序中所有的可能路径都至少被执行一次。一条路径是从函数的入口到出口分支的一个唯一序列。

例 4-1 的路径覆盖测试用例如表 4.8 所示。

表 4.8 例 4-1 的路径覆盖测试用例

测试用例	覆盖组合	执行路径
a=2，b=1，c=4	编号 1，编号 4	I → II → III → IV → V
a=1，b=1，c=−3	编号 1，编号 8	I → II → III → V
a=−1，b=2，c=3	编号 3，编号 7	I → III → IV → V
a=−1，b=−2，c=−3	编号 4，编号 8	I → III → V

路径覆盖比前面几种逻辑覆盖方法覆盖率都大，但它也有缺点：一是随着程序代码复杂度的增加，测试工作量将呈指数级增长，例如，一个函数包含 10 个 if 语句，就有 2^{10}=1024 个路径要测试，如果增加一个 if 语句，就有 2^{11}=2048 个路径要测试。二是许多路径由于数据相关不可能被执行。

4.2.8 逻辑覆盖法总结

逻辑覆盖方法中语句覆盖、判定覆盖、条件覆盖、条件/判定覆盖、条件组合覆盖和路径覆盖具有相互包含的关系，其中语句覆盖最弱，依次增强，路径覆盖的效果最好，如图 4.2 所示。

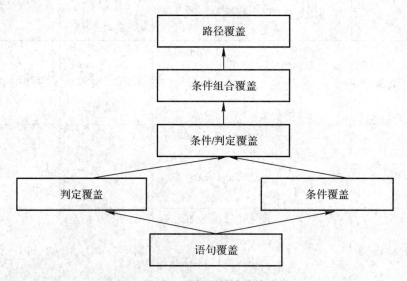

图 4.2 逻辑覆盖法总结

表 4.9 总结了逻辑覆盖各种方法的优缺点。根据测试用例设计的需要，将不同的设计方法有效地结合起来，设计出覆盖率最大的测试用例。

表 4.9 逻辑覆盖法对比

方法	分支覆盖	条件覆盖	条件组合覆盖	基本路径覆盖
优点	简单、无须细分每个判定	增加了对符号判定情况的测试	对程序进行较彻底的测试，覆盖面广	清晰、测试用例有效

方法	分支覆盖	条件覆盖	条件组合覆盖	基本路径覆盖
缺点	往往大部分的判定语句是由多个逻辑条件组合而成(如包含 and、or 等的组合),若仅仅判断其组合条件的结果,而忽略每个条件的取值情况,则必然会遗漏部分测试场景	达到条件覆盖,需要足够多的测试用例,但条件覆盖还是不能保证判定覆盖,这是由于 and 和 or 不同的组合效果造成的	对所有可能条件进行测试,需要设计大量、复杂测试用例,工作量比较大	基本路径法,类似于分支的方法,不能覆盖一些特定的条件,这些条件往往是容易出错的地方

逻辑覆盖法具有如下问题:语句或分支覆盖作为测试数据的主要依据,经过所选的路径并不能保证所有错误被查出,并且带有循环的程序将有无穷多条路径。

4.3 路 径 分 析

4.3.1 基路径

路径分析测试法是在程序控制流图的基础上,通过分析控制构造的环路复杂性,导出独立路径集合,设计测试用例的方法。程序的所有路径作为一个集合,在这些路径集合中必然存在一个最短路径,这个最小的路径称为基路径或独立路径。

路径分析与测试法主要步骤如下:

(1) 绘制控制流图。以详细设计或源代码作为基础,导出程序的控制流图。

(2) 计算圈复杂性 V(G)。圈复杂性 V(G)为程序逻辑复杂性提供定量的测度,该度量用于计算程序的基本独立路径数目,确保所有语句至少执行一次的测试数量的上界。

(3) 确定独立路径的集合。独立路径是指至少引入程序的一个新处理语句集合或一个新条件的路径,即独立路径必须包含一条在定义之前不曾使用的边。

(4) 测试用例生成。设计测试用例的数据输入和预期结果,确保基本路径集中每条路径的执行。

4.3.2 控制流图

程序流程图用于描述程序的结构性,它是采用不同图形符号标明条件或者处理的有向图,为了突出控制流结构,将其简化为控制流图。控制流图由许多节点和连接节点的边组成,其中一个节点代表一条语句或数条语句,边代表节点间控制流向,用于显示函数的内部逻辑结构,如图 4.3 所示。

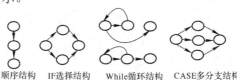

顺序结构　IF 选择结构　While 循环结构／Until 循环结构　CASE 多分支结构

图 4.3 控制流图的基本符号示意图

(1) 节点：以标有编号的圆圈表示，用于表示程序流程图中矩形框、菱形框的功能，是一个或多个无分支的语句或源程序语句。

(2) 控制流线或弧：以箭头表示，与程序流程图中的流线功能一致，表示控制的顺序。

程序流程图简化成控制流图的过程中，需注意以下情况：

(1) 在选择或多分支结构中，分支的汇聚处应有一个汇聚节点。

(2) 边和节点圈定的区域称为区域。图形外的区域也应记为一个区域。

【例4-2】　给出下面程序段的控制流图。

```
if a or b
    x
else
    y
```

【解析】　控制流图如图4.4所示。

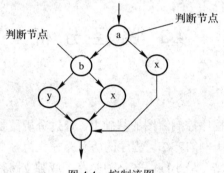

图4.4　控制流图

【例4-3】　如图4.5所示，(a)图为程序流程图，(b)图表示(a)图转化的控制流图。

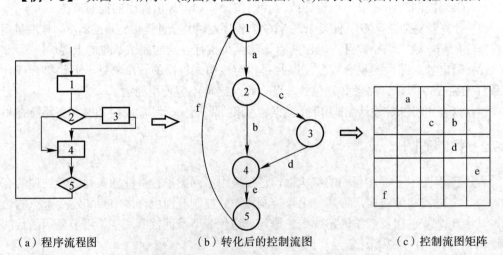

（a）程序流程图　　　　（b）转化后的控制流图　　　　（c）控制流图矩阵

图4.5　程序流程图转化为控制流图示意图

将控制流图表示成矩阵的形式，称为控制流图矩阵。一个图形矩阵是一个方阵，其行列数目为控制流图中的节点数，行列依次对应到一个被标识的节点，矩阵元素对应到节点间的连接。控制流图的节点用数字标识，边用字母标识，第 i 个节点到第 j 个节点由 x 边相连接，则对应的图形矩阵中第 i 行与第 j 列有一个非空的元素 x。

图 4.5 中的图(c)表示图(b)的控制流图矩阵。控制流图的 5 个节点决定图(c)矩阵共有 5 行 5 列。矩阵中 6 个元素 a、b、c、d、e 和 f 的位置对应所在控制流图中的号码。其中，弧 d 在(b)图中连接了节点 3 至节点 4，故图(c)的矩阵中 d 处于第 3 行第 4 列。需要注意，控制流图的连接方向，图(b)中节点 4 到节点 3 没有弧，因此矩阵中第 4 行第 3 列没有元素。

为了评估程序的控制结构，控制流图矩阵项加入连接权值，连接权值为控制流提供了如下附加信息：

(1) 执行连接(边)的概率。

(2) 穿越连接的处理时间。

(3) 穿越连接时所需的内存。

(4) 穿越连接时所需的资源。

最简单的情况是连接权值为 1(存在连接)或 0(不存在连接)，如图 4.6 所示，将控制流图矩阵转化为连接矩阵。字母替换为 1，表示存在边，其中含两个或两个以上项的行，表示此行含有判定节点。

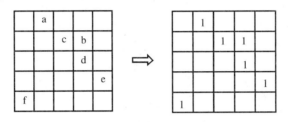

图 4.6　控制流图矩阵化为连接矩阵

4.3.3　路径分析应用举例

【例 4-4】　使用基本路径测试方法设计测试用例。

```
int   Sort ( int   iRecordNum，int iType )
1 {
2      int   x=0;
3      int   y=0;
4      while ( iRecordNum-- > 0 )
5      {
6        If ( iType==0 )
7              x=y+2;
8      else
9        If ( iType==1 )
10             x=y+10;
11           else
12             x=y+20;
13     }
14    Return x }
```

【解答】

步骤 1：将程序段的程序流程图(图 4.7)转化为控制流图(图 4.8)。

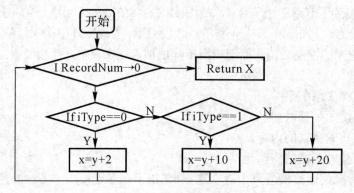

图 4.7　例 4-4 程序流程图

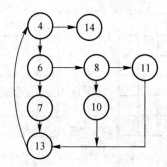

图 4.8　例 4-4 控制流图

步骤 2：根据控制流图计算圈复杂度 V(G)。

圈复杂度 V(G) =10(条边) - 8(个节点) + 2 = 4

步骤 3：根据圈复杂度计算独立路径。

路径 1：4→14。

路径 2：4→6→7→14。

路径 3：4→6→8→10→13→4→14。

路径 4：4→6→8→11→13→4→14。

步骤 4：根据独立路径设计测试用例。

路径 1：4→14。

输入数据：iRecordNum=0 或者 iRecordNum<0 的某一个值。

预期结果：x=0，y=0。

路径 2：4→6→7→14。

输入数据：iRecordNum=1，iType=0。

预期结果：x=2。

路径 3：4→6→8→10→13→4→14。

输入数据：iRecordNum=1，iType=1。

预期结果：x=10。

路径 4：4→6→8→11→13→4→14。

输入数据：iRecordNum=1，iType=2。

预期结果：x=20。

4.4 控制结构测试

4.4.1 条件测试

条件测试是检查程序模块中所包含逻辑条件的测试用例设计方法。一个简单条件是一个布尔变量或一个可能带有 not("¬")操作符的关系表达。关系表达式的形式如下：

E1＜关系操作符＞E2

其中 E1 和 E2 是算术表达式，而＜关系操作符＞是下列之一："＜""≤""=""≠"("¬=")"＞"或"≥"。复杂条件由简单条件、布尔操作符和括弧组成。假定可用于复杂条件的布尔算子包括 or "∣"、and "＆" 和 not "¬"，不含关系表达式的条件称为布尔表达式。所以，条件的成分类型包括布尔操作符、布尔变量、布尔括弧(简单或复杂条件)、关系操作符或算术表达式。如果条件不正确，则至少有一个条件成分不正确。条件的错误类型如下：

(1) 布尔操作符错误(遗漏布尔操作符、布尔操作符多余或布尔操作符不正确)。

(2) 布尔变量错误。

(3) 布尔括弧错误。

(4) 关系操作符错误。

(5) 算术表达式错误。

分支测试可能是最简单的条件测试策略,对于复合条件 C 的真分支和假分支以及 C 中的每个简单条件都需要至少执行一次。

域测试(Domain testing)通过分析程序输入域的数据，从有理表达式中导出三个或四个测试进行测试。有理表达式的形式如下：

E1＜关系操作符＞E2

三个测试分别用于计算 E1 的值是大于、等于或小于 E2 的值。如果＜关系操作符＞错误，而 E1 和 E2 正确，则这三个测试能够发现关系算子的错误。为了发现 E1 和 E2 的错误，计算 E1 小于或大于 E2 的测试时，应使两个值间的差别尽可能小。

有 n 个变量的布尔表达式需要 2^n 个(每个变量分别取值为真或为假这两种可能值的组合数)可能的测试。这种策略可以发现布尔操作符、变量和括弧的错误，但是只有在 n 很小时实用。

K. C. Tai 建议在上述技术之上建立条件测试策略，称为 BRO(branch and relational operator)测试，它保证能发现布尔变量和关系操作符只出现一次而且没有公共变量的条件中的分支和条件操作符错误。BRO 策略利用条件 C 的条件约束。有 n 个简单条件的约束定义为(D_1, D_2, …, D_n)，其中 $D_i (0<i≤n)$ 表示第 i 个简单条件的输出约束。如果 C 的执行过程中，C 的每个简单条件的输出都满足 D 中对应的约束，则称条件 C 的条件约束 D 由 C 的执行所覆盖。

对于布尔变量 B，B 输出的约束说明必须是真(T)或假(F)。类似地，对于关系表达式，符号<、=、>用于指定表达式输出的约束。

【例 4-5】 考虑下列条件：

　　　　C1：B1&B2

其中 B1 和 B2 是布尔变量。C1 的条件约束式如(D1，D2)，其中 D1 和 D2 是"t"或"f"，值(t，f)是 C1 的条件约束，由使 B1 为真、B2 为假的测试所覆盖。BRO 测试策略要求约束集 {(t，t)，(f，t)，(t，f)} 由 C1 的执行所覆盖，如果 C1 由于布尔算子的错误而不正确，则至少有一个约束强制 C1 失败。

【例 4-6】 考虑下列条件：

　　　　C2：B1&(E3=E4)

其中 B1 是布尔表达式，而 E3 和 E4 是算术表达式。C2 的条件约束形式如(D1，D2)，其中 D1 是"t"或"f"，D2 是<、=或>。除了 C2 的第二个简单条件是关系表达式以外，C2 和 C1 相同，所以可以修改 C1 的约束集{(t, t)，(f, t)，(t, f)}，得到 C2 的约束集，注意(E3=E4) 的"t"意味着"="，而(E3=E4)的"f"意味着">"或"<"。分别用(t，=)和(f，=)替换(t，t) 和(f，t)，并用(t，<\<>)和(t，>)替换(t，f)，就得到 C2 的约束集 {(t，=)，(f，=)，(t，<)，(t，>)}。上述条件约束集的覆盖率将保证检测 C2 的布尔和关系算子的错误。

【例 4-7】 考虑下列条件

　　　　C3：(E1>E2)&(E3=E4)

其中 E1、E2、E3 和 E4 是算术表达式。C3 的条件约束形式如(D1，D2)，其中 D1 和 D2 是<、=或>。除了 C3 的第一个简单条件是关系表达式以外，C3 和 C2 相同，所以可以修改 C2 的约束集得到 C3 的约束集，结果为

　　　　{(>，=)，(=，=)，(<，=)，(>，>)，(>，<)}

上述条件约束集能够保证检测 C3 的关系操作符的错误。

4.4.2　循环测试

循环结构是程序设计中最多的结构，由循环体及循环控制条件两部分组成。一般有如下几种循环：简单循环、串接循环、嵌套循环等，如图 4.9 所示。

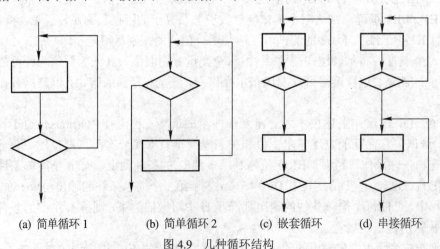

　(a) 简单循环 1　　　(b) 简单循环 2　　　(c) 嵌套循环　　　(d) 串接循环

图 4.9　几种循环结构

对于 do-while 循环，循环测试确定是否执行了每个循环体，执行只有一次还是多于一次。对于 while 循环和 for 循环，循环测试确定每个循环体是否执行了多于一次，具体内容如下。

1. 简单循环

简单循环如图 4.9 中(a)、(b)所示。考虑循环次数的边界值和接近边界值的情况，一般需要考虑如下几种测试用例，假设 n 是允许通过循环的最大次数。

(1) 零次循环：从循环入口直接跳到循环出口。

(2) 一次循环：只有一次通过循环，用于查找循环初始值方面的错误。

(3) 二次循环：两次通过循环，用于查找循环初始值方面的错误。

(4) m 次循环：m 次通过循环，其中 m<n，用于检查在多次循环时才能暴露的错误。

(5) 比最大循环次数少一次：即 n−1 次通过循环。

(6) 最大循环次数：n 次通过循环。

(7) 比最大循环次数多一次：n+1 次通过循环。

2. 嵌套循环

嵌套循环如图 4.9(c)所示。如果要将简单循环的测试方法用于嵌套循环，则可能的测试数就会随嵌套层数成几何级增加。

Beizer 提出了如下的减少测试数目的方法：

(1) 从最内层循环开始，将其他循环设置为最小值。

(2) 对最内层循环使用简单循环测试，而使外层循环的迭代参数(即循环计数)最小，并为范围外或排除的值增加其他测试。

(3) 由内向外构造下一个循环的测试，但其他的外层循环为最小值，并使其他的嵌套循环为"典型"值。

(4) 反复进行，继续直到测试完所有的循环。

3. 串接循环

串接循环又名并列循环，如图 4.9(d)所示。如果串接循环的循环都彼此独立，则可以简化为两个简单循环来分布处理。但是，如果两个循环串接起来，而第一个循环的循环计数是第二个循环的初始值，则这两个循环并不是独立的。如果循环不独立，则应采用嵌套循环的方法进行测试。

4.4.3 Z 路径覆盖

Z 路径覆盖是路径覆盖的一个变体。当程序中出现多个判断和多个循环时，路径数目会急剧增长，达到天文数字，以至无法实现路径覆盖。为了解决这一问题，必须对循环机制进行简化，舍弃一些次要因素，减少路径的数量，使得覆盖这些有限的路径成为可能。采用简化循环方法的路径覆盖就是 Z 路径覆盖。

Z 路径覆盖不考虑循环的形式和复杂度如何，也不考虑实际执行循环体的次数是多少，只考虑通过循环体零次和一次这两种情况，零次循环是指跳过循环体，从循环体的入口直接到循环体的出口。通过一次循环体是指检查循环初始值，根据简化循环的思路，循环要么执行，要么跳过，这和判定分支的效果一样。这样，极大地减少循环的个数，将循环结构简化为选择结构。

4.5　数据流测试

4.5.1　词(语)法分析

词法分析是将字符序列转换为单词序列的过程。在这个过程中，词法分析会对单词进行分类，但不关注单词之间的关系(属于语法分析的范畴)。

【例4-8】　词法分析举例。

C语言表达式：sum=4+2;

分析可知，将其单词化后可以得到表4.10的内容。

表4.10　C语言表达式单词化

语素	单词类型
sum	标识符
=	赋值操作符
4	数字
+	加法操作符
2	数字
;	语句结束

语法分析器读取输入字符流，从中识别出语素，最后生成不同类型的单词。语法分析是在词法分析的基础上将单词序列组合成各类语法短语，如"程序""语句""表达式"等。

语法分析和词法分析无法检测出定义/引用缺陷，但是可以通过数据流测试发现缺陷。数据流测试作为路径覆盖的一个变种，最初用于代码优化，主要关注数据的接收值(定义)和使用(引用)。

数据流测试具有两种方法，一种称为变量定义/引用测试，另一种称为程序片法。

4.5.2　变量定义/引用测试

变量的定义和引用有如下三种缺陷：

(1) 变量被定义，但是从来没有引用(使用)。

(2) 所引用的变量没有被定义。

(3) 变量在引用之前被定义两次。

下面介绍与"定义/引用"相关的一些概念。

1. 定义节点：DEF(v，n)

变量v在节点n处定义。

用于输入语句、赋值语句(赋值号左侧)、循环控制语句和过程调用语句。

当执行这些语句时，变量的值往往会被改变或赋值。

2. 使用节点：USE(v，n)

变量 v 在节点 n 处被使用。

用于输出语句、赋值语句(赋值号右侧)、条件语句、循环语句、过程调用语句。当执行这类语句时，值不会被改变。

3. 谓词使用：P-use

当且仅当 USE(v，n)是谓词使用时，用于 if-else、case 等语句，谓词使用对应谓词使用节点的出度大于等于 2(出度是指以某顶点为弧尾，起始于该顶点的弧的数目)。

4. 计算使用：C-use

当且仅当 USE(v，n)是计算使用时，计算使用对应计算谓词使用节点的出度小于等于 1。

5. 使用路径：du-path

DEF(v，m)和 USE(v，n)中 m 和 n 是该路径的开始节点和结束节点，定义节点可出现多次。

6. 清除路径：dc-path

当定义节点和使用节点中间没有其他的定义节点时，定义节点可出现一次。

【例 4-9】 定义/引用测试。

```
1    a=5;  //定义 a
2    While(C1){
3        if(C2){
4            b=a*a;     //引用 a
5            a=a-1;     //定义且使用 a
6               }
7    print(a); }       //引用 a
```

将代码转换为控制流图，如图 4.10 所示。

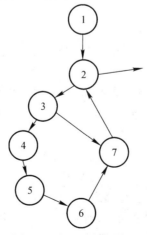

图 4.10 例 4-9 控制流图

给出表 4.11 的变量定义/引用。

表 4.11　变量定义/引用

du-path	dc-path
1234	y
1237	y
12345	y
1234567	n
567	y

测试用例的产生步骤：

(1) 选择定义/引用路径测试覆盖指标。

(2) 由测试覆盖指标构造定义/引用路径。

(3) 选择一条路径，使得其至少包含一条"定义/引用路径"。

(4) 由路径产生测试用例。

4.5.3　程序片

程序片是确定或影响某变量在程序某点上的取值的一组程序语句。"片"是指将程序分成具有某种(功能)含义的组件。S(V, n) 表示节点 n 之前的所有对 V 做出贡献语句片段的总和。比如有两个程序片，程序片 P1 表示前 8 行的程序片，程序片 P2=(P1, 9, 10) 表示第 9 行和第 10 行之间的 P2 对于 P1 的改变，如果 P1 中 V 没有变化，而第 10 行的 V 出现异常，那么必然是 P2 发生了作用。因此，程序片能够很快定位出异常。

数据流测试往往应用于计算密集型程序，这是由于变量的定义/引用基于路径，具有结构化的全局特性，故能反映出程序代码的某些异常来。而由于程序片的局部特性，往往并不能很好地反映整体的程序代码缺陷。

4.6　习　　题

一、选择题

1. 以程序内部的逻辑结构为基础的测试用例设计技术属于(　　)。

A. 灰盒测试　　　　B. 数据测试　　　　C. 黑盒测试　　　　D. 白盒测试

2. 通常测试可分为白盒测试和黑盒测试。白盒测试根据程序的(　　)来设计测试用例。

A. 功能　　　　B. 性能　　　　C. 内部逻辑　　　　D. 内部数据

3. 白盒测试方法的优点是(　　)。

A. 可测试软件的特定部位　　　　B. 能站在用户立场测试

C. 可按软件内部结构测试　　　　D. 可发现实现功能需求中的错误

4. 使用白盒测试方法时，确定测试数据应根据(　　)确定覆盖标准。

A. 程序的内部结构　　B. 程序的复杂性　　C. 使用说明书　　　　D. 程序的功能

5. 针对逻辑覆盖(　　)叙述是不正确的。

A. 达到 100%CC 要求就一定能够满足 100%DC 的要求

B. 达到 100%C/DC 要求就一定能够满足 100%DC 的要求

C. 达到 100%MC/DC 要求就一定能够满足 100%DC 的要求

D. 达到 100%路径覆盖要求就一定能够满足 100%DC 的要求

6. 以下不属于白盒测试技术的是(   )。

A. 逻辑覆盖　　　　　B. 基本路径测试　　　　C. 循环覆盖测试　　　　D. 等价类划分

7. 针对程序段：

    IF(X>10)AND(Y<20)THEN

        W=W/A

对于(X，Y)的取值，以下(   )组测试用例能够满足判定覆盖的要求。

A. (30，15)(40，10)　　　　　　　　　　　B. (3，0)(30，30)

C. (5，25)(10，20)　　　　　　　　　　　　D. (20，10)(1，100)

8. 在用逻辑覆盖法设计测试用例时，有语句覆盖、分支覆盖、条件覆盖、条件/判定覆盖、条件组合覆盖、路径覆盖等。其中(   )是最强的覆盖准则。

A. 语句覆盖　　　　　B. 条件覆盖　　　　　C.条件/判定覆盖　　　　D. 路径覆盖

9. 以下不属于逻辑覆盖的是(   )。

A. 语句覆盖　　　　　B. 判定覆盖　　　　　C. 条件覆盖　　　　　D. 基本路径

10. 条件组合覆盖是一种逻辑覆盖，它的含义是设计足够的测试用例，使得每个判定中条件的各种可能组合都至少出现一次，满足条件组合的测试用例也是满足(   )级别的测试。

A. 语句覆盖、判定覆盖、条件覆盖、条件/判定组合覆盖

B. 判定覆盖、条件覆盖、条件/判定组合覆盖、修正条件判定覆盖

C. 语句覆盖、判定覆盖、条件/判定组合覆盖、修正条件判定覆盖

D. 路径覆盖、判定覆盖、条件覆盖、条件/判定组合覆盖

二、简答题

1. 白盒测试是什么？

2. 为什么说语句覆盖是最弱的逻辑覆盖？

3. 条件覆盖为什么不一定包含判定覆盖？

三、设计题

1. 把程序流程图(图 4.11)转化成控制流图。

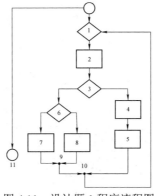

图 4.11　设计题 1 程序流程图

2. 某程序的流程图如图 4.12 所示。设计足够的测试用例实现对程序的判定覆盖、条件覆盖和条件组合覆盖。

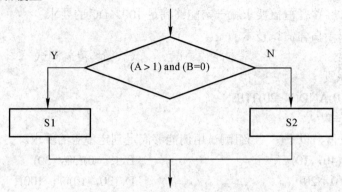

图 4.12　设计题 2 程序流程图

3. 采用路径分析方法设计如下程序段的测试用例。

```
    void work(int x,int y,int z)
    {
1   int k=0,j=0;
2   if((x>3) && (z <10)){
3       k=x*y-1;
4       j=k-z ;
5                       }
6   if((x==4) ||(y>5)){
7       j=x*y +10;
8                   }
9    j=j % 3;
10    }
```

第5章　面向对象测试

本章介绍面向对象测试的基本方法、模型。就面向对象分析测试、面向对象设计测试分别给出了详细说明，并对面向对象的单元测试、集成测试和系统测试给出了解释。

5.1　面向对象影响测试

传统的测试软件是从"小型测试"开始，逐步过渡到"大型测试"，即从单元测试开始，逐步进入集成测试，最后进行确认测试和系统测试。对于传统的软件系统来说，单元测试集中测试最小的可编译的构件单元(模块)；单元测试结束之后，集成到系统中进行一系列的回归测试，以便发现模块接口错误和新单元加入到系统中所带来的副作用；最后，把系统作为一个整体来测试，以发现软件需求中的错误。

面向对象的软件结构与传统的功能模块结构有区别，类作为构成面向对象程序的基本元素，封装了数据及作用在数据上的操作。对象是类的实例，类和类之间通过继承组成有向无圈图结构。父类中定义了共享的公共特征，子类除继承父类所有特征外，还引入新的特征，也允许对继承的方法进行重定义。

面向对象技术具有信息隐蔽、封装、继承、多态和动态绑定等特性，提高了软件开发质量，但同时也给软件测试提出了新的问题，增加了测试的难度。

传统软件的测试往往关注模块的算法细节和模块接口间流动的数据，面向对象软件的类测试由封装在类中的操作和类的状态行为所驱动。下面具体分析面向对象对软件测试的影响。

5.1.1　封装性影响测试

类的重要特征之一是信息隐蔽，其通过对象的封装性实现。封装将一个对象的各个部分聚集在一个逻辑单元内，对象的访问被限制在一个严格定义的接口上，信息隐蔽只让用户知道某些信息，其他信息被隐藏起来。信息隐蔽与封装性限制了对象属性对外界的可见性与外界对它的操作权限，使得类的具体实现与它的接口相分离，降低了类和程序其他各部分之间的依赖程度，促进程序的模块化，避免外界对其进行不合理操作并防止错误的扩散。

信息隐蔽给测试带来许多问题。面向对象软件中，对象行为是被动的，在接收到相关外部信息后才被激活，进行相关操作返回结果。在工作过程中，对象的状态可能发生变化而进入新的状态。通过发送一系列信息创建和激活对象，看其是否完成预期操作并处于正确状态，但是由于信息隐蔽与封装机制，类的内部属性和状态对外界是不可见的，只能通过类自身的方法获得，这给类测试时测试用例执行是否处于预期状态的判断带来困难，在测试时添加一些对象的实现方式和内部状态的函数来考察对象的状态变化。

5.1.2　继承性影响测试

在面向对象程序中，继承由扩展、覆盖和特例化三种基本机制实现。其中扩展是子类自动包含父类的特征；覆盖是子类的方法与父类的方法有相同的名字和消息参数，但其实现的方法不同；特例化是子类中特有的方法和实例变量。继承有利于代码的复用，但同时也使错误传播概率提高。继承使得测试遇见如此难题：对于未重定义的继承特征是否进行测试，对于子类中新添加和重定义的特征如何进行测试，等等。

Weyuker 提出基于程序测试数据集的充分性公理，如下所示。

1. 反扩展性公理

反扩展性公理认为：若有两个功能相同而实现不同的程序，则对其中一个是充分的测试数据集未必对另一个是充分的测试数据集。这一公理表明：若在子类中重定义了某一继承的方法，即使两个函数完成相同的功能，对被继承方法是充分的测试数据集也未必对重定义的方法是充分的。

2. 反分解性公理

反分解性公理认为：一个程序进行过充分的测试，并不表示其中的成分都得到了充分的测试。因为这些独立的成分有可能被用在其他的环境中，此时就需要在新的环境中对这个部分重新进行测试。因此，若一个类得到了充分的测试，则当其被子类继承后，继承的方法在子类的环境中的行为特征需要重新测试。

3. 反组合性公理

反组合性公理认为：一个测试数据集对于程序中各个单元都是充分的并不表示它对整个程序是充分的，因为独立部分交互时会产生在隔离状态下所不具备的新特性。这一公理表明：若对父类中某一方法进行了重定义，则仅对该方法自身或其所在的类进行重新测试是不够的，还必须测试其他有关的类(如子类和引用类)。

Perry 和 Kaiser 对 Weyuker 的观点总结如下：有关充分测试的直觉的结论可能是错误的。随着继承层次的加深，虽然可供重用的类越来越多，编程效率也越来越高，但无形中加大了测试的工作量和难度。同时，递增式软件开发过程中，如果父类发生修改，则这种变化会自动传播到所有子类，使得父类、子类都必须重新测试。所以说，继承并未简化测试问题，反而使测试更加复杂。

5.1.3　多态性影响测试

多态使得面向对象程序对外呈现出强大的处理能力，但同时使得程序内"同一"函数的行为复杂化，多态促成了子类型替换。一方面，子类型替换使对象的状态难以确定。如果一个对象包含了 A 类型的对象变量，则 A 类型的所有子类型的对象也允许赋给该变量。程序运行过程中，该变量可能引用不同类型的对象，其结构不断变化。另一方面，子类型替换使得向父类对象发送的消息也允许向该类的子类对象发送。如果 A 类有两个子类 B

和 C，D 类也有两个子类 E 和 F，A 类对象向 D 类对象发送消息 m，则测试 A 类对象发出的消息 m 时，需考虑所有可能组合。

由此可见，多态性和动态绑定使得系统能自动为给定消息选择合适的实现代码，但它所带来不确定性，使得传统测试遇到障碍，增加了测试用例的选取难度。

5.2　面向对象测试模型

面向对象开发分为面向对象分析、面向对象设计和面向对象编程三个阶段。分析阶段产生整个问题空间的抽象描述，设计阶段设计出类和类结构，最后编程阶段形成代码。面向对象测试模型能有效地将分析、设计的文本或图表代码化，测试模型如图 5.1 所示。

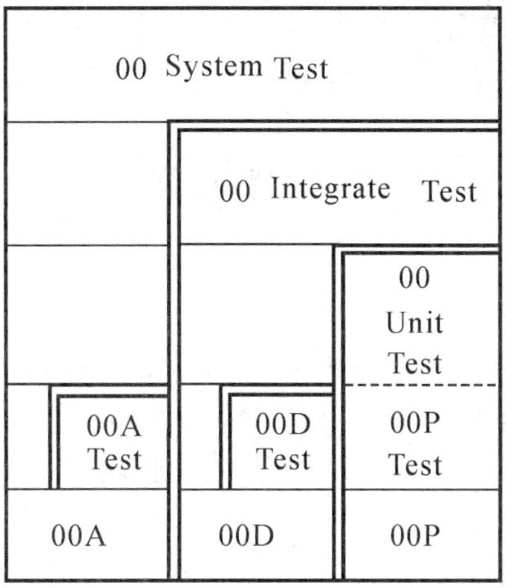

图 5.1　面向对象测试模型

其中，OOA Test 是面向对象分析测试；OOD Test 是面向对象设计测试。OOA Test 和 OOD Test 主要面向的是分析设计文档，是软件开发前期的关键性测试。OOP Test 是面向对象编程测试，主要针对编程风格和程序代码进行测试。OO Unit Test 是面向对象单元测试，对程序内部单一的功能模块测试，是面向对象集成测试的基础。OO Integrate Test 是面向对象集成测试，主要对系统内部的相互服务进行测试，如成员函数间的相互作用，类之间的消息传递等。OO System Test 是面向对象系统测试，主要以需求规格说明为测试标准。

5.3　面向对象分析测试

传统面向过程分析是功能分解的过程，着眼点在于一个系统需要什么样的信息处理方法和过程。而 OOA 直接映射需求分析问题，将问题空间功能抽象化，用对象的结构反映实例和实例之间的复杂关系，OOA 为类的实现以及类层次结构的组织和实现提供平台。

OOA 测试分为五个方面：对认定的对象的测试、对认定的结构的测试、对认定的主题的测试、对定义的属性和实例关联的测试、对定义的服务和消息关联的测试，下面分别介绍这几方面测试。

5.3.1 对象测试

OOA 中认定的对象是对问题空间中实例的抽象，从以下方面对其进行测试：

(1) 认定的对象是否全面，是否问题空间中所有涉及的实例都反映在认定的抽象对象中。

(2) 认定的对象是否具有多个属性。只有一个属性的对象通常应看成其他对象的属性，而不是抽象为独立的对象。

(3) 对认定为同一对象的实例是否有共同的、区别于其他实例的共同属性。

(4) 对认定为同一对象的实例是否提供或需要相同的服务，如果服务随着不同的实例而变化，则认定的对象就需要分解或利用继承性来分类表示。

(5) 系统没有必要始终保持对象代表的实例信息，提供或者得到关于它的服务，认定的对象也无必要。

(6) 认定的对象的名称应该尽量准确、适用。

5.3.2 结构测试

在 Coad 方法中，认定结构是多种对象的组织方式，用来反映问题空间中的复杂实例和复杂关系。认定的结构分为两种：分类结构和组装结构。其中，分类结构体现了问题空间中实例的一般与特殊关系，组装结构体现了问题空间中实例整体与局部的关系。

1. 对认定的分类结构的测试

(1) 对于结构中处于高层的对象，是否在问题空间中含有不同于下一层对象的特殊可能性，即是否能派生出下一层对象。

(2) 对于结构中处于同低层的对象，是否能抽象出在现实中有意义的更一般的上层对象。

(3) 对所有认定的对象，是否能在问题空间内抽象出在现实中有意义的对象。

(4) 高层的对象的特性是否完全体现下层的共性。

(5) 低层的对象是否具有高层对象特性基础上的特殊性。

2. 对认定的组装结构的测试

(1) 整体和部件的组装关系是否符合现实的关系。

(2) 整体和部件是否在考虑的问题空间中有实际应用。

(3) 整体中是否遗漏了反映在问题空间中有用的部件。

(4) 部件是否能够在问题空间中组装新的有现实意义的整体。

5.3.3 主题测试

主题如同文章中内容的概要，是在对象和结构基础上抽象的，其提供 OOA 分析结果的可见性。对主题层的测试应该考虑以下方面：

(1) 贯彻 George Miller 的 "7+2" 原则，如果主题个数超过 7 个，则要对相关密切的主题进行归并。

(2) 主题所反映的一组对象和结构是否具有相同和相近的属性和服务。

(3) 认定的主题是否是对象和结构更高层的抽象，是否便于理解 OOA。

(4) 主题间的消息联系是否代表了主题所反映的对象和结构之间的所有关联。

5.3.4　属性和实例关联测试

属性用来描述对象或结构所反映的实例特性。实例关联是反映实例集合间的映射关系。对属性和实例关联的测试从如下方面考虑：

(1) 定义的属性是否对相应的对象和分类结构的每个实例都适用。

(2) 定义的属性在现实世界是否与这种实例关系密切。

(3) 定义的属性在问题空间是否与这种实例关系密切。

(4) 定义的属性是否能够不依赖于其他属性被独立理解。

(5) 定义的属性在分类结构中的位置是否恰当，低层对象的共有属性是否在上层对象属性体现。

(6) 在问题空间中每个对象的属性是否定义完整。

(7) 定义的实例关联是否符合现实。

(8) 在问题空间中实例关联是否定义完整，特别需要注意一对多和多对多的实例关联。

5.3.5　服务和消息关联测试

服务定义了每种对象和结构在问题空间所要求的行为。问题空间中实例的通信在 OOA 中相应地定义为消息关联。对定义的服务和消息关联的测试从如下方面进行：

(1) 对象和结构在问题空间的不同状态是否定义了相应的服务。

(2) 对象或结构所需要的服务是否都定义了相应的消息关联。

(3) 定义的消息关联所指引的服务提供是否正确。

(4) 沿着消息关联执行的线程是否合理，是否符合现实过程。

(5) 定义的服务是否重复，是否定义了能够得到的服务。

面向对象分析的测试如表 5.1 所示。

表 5.1　面向对象分析的测试

测试内容	概　述	测试考虑方面
认定对象的测试	认定的对象：对问题空间中的结构、其他系统、设备、被记忆的事件、系统涉及的人员等实际的抽象	(1) 是否全面，问题空间中的实例是否都反映在认定的抽象对象中；(2) 是否具有多个属性，只具有一个属性的对象不抽象为独立的对象；(3) 对认定为同一对象的实例是否有共同的、区别于其他实例的共同属性；(4) 对认定为同一对象的实例是否提供或需要相同的服务，如果服务随着实例的不同而变化，则认定的对象就需要分

测试内容	概　　述		测试考虑方面
			析或利用继承性来分类表示；(5) 如果系统没有必要始终保持对象代表的实例信息，则提供或者得到关于它的服务、认定的对象也无必要；(6) 认定的对象的名称要尽量准确、适用
认定结构的测试	认定结构：多种对象的组织方式，用来反映问题空间中的复杂实例和复杂关系，认定的结构分为两种：分类结构和组装结构	分类结构：体现问题空间中实例的一般与特殊的关系	(1) 结构中一种对象尤其是高层对象，是否存在不同于下一层对象的特殊的可能性，即是否能派生出下一层对象；(2) 结构中一种对象尤其是同一低层对象，是否能抽象出在现实中有意义的更一般的上层对象；(3) 对所有认定的对象，是否能向上层抽象出现实中有意义的对象；(4) 高层的对象的特性是否完全体现下层的共性；(5) 低层的对象是否有高层特性基础上的特殊性
		组装结构：体现问题空间中实例的整体与局部的关系	(1) 整体对象和部件对象的组装关系是否符合现实的关系；(2) 整体对象和部件对象是否在考虑的问题空间中有实际关系；(3) 整体对象是否遗漏了在问题空间中有用的部件对象；(4) 部件对象是否能够在问题空间中组装成新的有意义的整体对象
认定主题的测试	主题：在对象和结构的基础上更高一层的抽象，是为了提供 OOA 分析结果的可见性，如同文章中各章的摘要		(1) 贯彻 George Mille 的"7+2"原则。如果主题个数超过 7 个，则对有较密切属性和服务的主题进行归并；(2) 主题所反映的一组对象和结构是否具有相同或相近的属性和服务；(3) 认定的主题是否是对象和结构更高一层的抽象，是否便于理解 OOA 结果的概括；(4) 主题间的消息联系(抽象)是否代表主题所反映的对象和结构之间的所有关联
对定义的属性和实例关联的测试	属性：用来描述对象或结构所反映的实例的特性；实例关联：反映实例集合间的映射关系		(1) 定义的属性是否对相应的对象和分类结构的每个现实实例都适用；(2) 定义的属性在现实世界是否与这种实例关系密切；(3) 定义的属性在问题空间是否与这种实例关系密切；(4) 定义的属性是否能够不依赖于其他属性被独立理解；(5) 定义的属性在分类结构中的位置是否恰当，低层对象的共有属性是否在上层对象属性中体现；(6) 在问题空间中每个对象的属性是否定义完整；(7) 定义的实例关联是否符合现实；(8) 在问题空间中实例关联是否定义完整，特别需要

测试内容	概　述	测试考虑方面
		注意一对多、多对多的实例关联
对定义的服务和消息关联的测试	定义的服务：定义的每一种对象和结构在问题空间所要求的行为；消息关联：问题空间中实例之间必要的通信，需要定义相应的消息关联	（1）对象和结构在问题空间中的不同状态是否定义相应的服务；（2）对象和结构所需的服务是否都定义了相应的消息关联；（3）定义的消息关联所指引的服务是否正确；（4）沿着消息关联执行的线程是否合理，是否符合现实过程；（5）定义的服务是否重复，是否定义了能够得到的服务

5.4　面向对象设计测试

　　结构化设计方法采用面向作业的设计方法，把系统分解为一组作业。面向对象设计采用"造型的观点"，是以 OOA 为基础归纳出类，建立类结构，实现分析结果对问题空间的抽象，设计类的服务。由此可见，OOD 是 OOA 的进一步细化和抽象，其界限通常难以严格区分。OOD 确定类和类结构不仅是满足当前需求分析的要求，更重要的是通过重新组合或加以适当的补充，实现功能的重用和扩增。

　　因此，OOD 测试从如下三方面考虑：

　　(1) 对认定类测试。

　　(2) 对类层次结构测试。

　　(3) 对类库支持测试。

5.4.1　对认定类测试

　　OOD 认定的类是 OOA 中认定的对象，是对象服务和属性的抽象。认定的类应该尽量是基础类，这样便于维护和重用。

　　测试认定的类有一些准则：

　　(1) 是否涵盖了 OOA 中所有认定的对象。

　　(2) 是否能体现 OOA 中定义的属性。

　　(3) 是否能实现 OOA 中定义的服务。

　　(4) 是否对应着一个含义明确的数据抽象。

　　(5) 是否尽可能少地依赖其他类。

5.4.2　对类层次结构测试

　　OOD 的类层次结构基于 OOA 的分类结构产生，体现了父类和子类之间的一般性和特殊性。类层次结构是在解空间构造实现全部功能的结构框架。测试如下方面：

　　(1) 类层次结构是否涵盖了所有定义的类。

　　(2) 是否能体现 OOA 中所定义的实例关联。

(3) 是否能实现 OOA 中所定义的消息关联。

(4) 子类是否具有父类没有的新特性。

(5) 子类间的共同特性是否完全在父类中得以体现。

5.4.3　对类库支持测试

类库主要用于支持软件开发的重用，对类库的支持属于类层次结构的组织问题。由于类库并不直接影响软件的开发和功能实现，因此，类库的测试往往作为对高质量类层次结构的评估。其测试要点如下：

(1) 一组子类中关于某种含义相同或基本相同的操作，是否有相同的接口。

(2) 类中方法功能是否较单纯，相应的代码行是否较少，一般建议不超过 30 行。

(3) 类的层次结构是不是深度大、宽度小。

5.5　面向对象单元测试

面向对象软件测试过程以层次增量的方式进行。首先对类方法进行测试；其次对类进行测试；再次将多个类集成为类簇或子系统进行集成测试；最后进行系统测试。其中，面向对象单元测试针对类中的成员函数以及成员函数间的交互进行测试；面向对象集成测试主要对系统内部的相互服务进行测试，如类之间的消息传递等；面向对象系统测试是基于面向对象集成测试的最后阶段的测试，主要以用户需求为测试标准。

下面介绍类的测试方法。

5.5.1　功能性和结构性测试

类测试有两种主要的方式：功能性测试和结构性测试。功能性测试和结构性测试分别对应传统测试的黑盒测试和白盒测试。功能性测试以类的规格说明为基础，主要检查类是否符合规格说明的要求，包括类的规格说明和方法的规格说明两个层次。例如，对于 Stack 类，检查操作是否满足 LIFO 规则。结构性测试从程序出发，对方法进行测试，考虑代码是否正确，Stack 类检查代码是否动作正确且至少执行过一次。

测试类的方法指对方法调用关系进行测试。测试每个方法的所有输入情况，并对这些方法之间的接口进行测试。对类的构造函数参数以及消息序列进行选择以保证其在状态集合下正常工作。因此，对类的测试分成如下两个层次：方法内测试和方法间测试。

1. 方法内测试

方法内测试作为第一个层次，考虑类中单独方法，这个层次的测试等效于传统程序中单个过程的测试，传统测试技术(如逻辑覆盖、等价类划分、边界值分析、错误推测等方法)仍然作为测试类中每个方法的主要手段。与传统单元测试的最大差别在于方法改变了它所在实例的状态，这就要求对隐藏的状态信息进行评估。

面向对象软件中方法的执行是通过消息驱动执行的。测试类中的方法，必须用驱动程序对被测方法通过发送消息来驱动执行。如果被测试模块或者方法调用其他模块或方法，则需要设计一个模拟被调程序功能的存根程序代替被测试模块。驱动程序、存根程序及被测模块或方法组成一个独立的可执行单元。

2. 方法间测试

方法间测试作为第二个层次，考虑类中方法之间的相互作用，对方法进行综合测试。单独测试一个方法时，只考虑其本身执行的情况，而没有考虑方法的协作关系。方法间测试考虑一个方法调用本对象类中的其他方法，或其他类的方法之间的通讯情况。

类的操作被封装在类中，对象之间通过发送消息启动操作，对象作为一个多入口模块，必须考虑测试方法的不同次序组合的情况，当一个类中方法的数目较多时，次序的组合数目将非常多。对于操作的次序组合以及动作的顺序问题，测试用例中加入了激发调用信息，检查它们是否正确运行。对于同一类中方法之间的调用，遍历类的所有主要状态。同时，选出最可能发现属性和操作错误的情况，重点进行测试。

5.5.2　测试用例设计和选择

1. 测试用例设计

传统软件测试用例设计从软件的各个模块算法出发，而面向对象(OO)软件测试用例着眼于操作序列，以实现对类的说明。

OO 测试用例设计对 OO 的五个特性(局域性、封装性、信息隐藏、继承性和抽象)进行测试，Berard 提出测试用例的设计方法，关于设计合适的操作序列，以测试类的状态，主要原则包括：

(1) 对每个测试用例应当给予特殊的标识，并且还应当与测试的类有明确的联系。

(2) 测试目的应当明确。

(3) 应当为每个测试用例开发一个测试步骤列表，列表包含以下内容：

① 列出所要测试对象的说明。

② 列出将要作为测试结果的消息和操作。

③ 列出测试对象可能发生的例外情况。

④ 列出外部条件，为了正确对软件进行测试所必须有的外部环境的变化。

⑤ 列出为了帮助理解和实现测试所需要的附加信息。

2. 基于概率分布的测试用例抽样

总体是指所有可能被执行的测试用例，包括所有前置条件和所有输入值可能的组合情况。样本是基于概论分布选择的子集，子集的使用频率越高，被选中的概率越大。

样本集合中每个样本代表一个特定的个体。例如，用例模型作为测试用例分层的基础，挑选出一个测试用例的抽样，选择一个测试系列，并不要求一定要首先明确如何来确定测试用例的总体。构建测试用例的一个测试系列，将类说明作为测试用例的来源，运用一种抽样方法对测试进行补充，减少测试的数目。

【例 5-1】　类的实例变量取值范围为 0～359。

【解答】　首先采用基于边界值的测试方法，取 0 值周围的–1、0、1 三种测试和 359 附近的 355、359、400 等测试用例。其次采用基于每个测试用例的抽样(0～359)的测试方法进行测试，使用 int(random()*360)和 int(-1*random()*360)进行随机的抽样，每个值都在该区间内，且每个值被选中的概率相等。随机数发生器使得测试区间的值迭代测试，每次测试不同的值。

5.6　面向对象集成测试

5.6.1　面向对象集成测试概述

传统面向过程的软件模块具有层次性，模块之间存在着控制关系。面向对象软件功能散布在不同类中，通过消息传递，提供服务。由于面向对象软件没有一个层次的控制结构，传统软件自顶向下和自底向上的组装策略意义不大，构成类的各个部件之间存在直接和非直接交互，软件的控制流无法确定，因此采用传统的将操作组装到类中的增殖式组装常常行不通。

集成测试关注于系统的结构和类之间的相互作用，测试步骤一般分成两步，首先进行静态测试，然后进行动态测试。静态测试主要针对程序的结构进行，检测程序结构是否符合设计要求，采用逆向工程测试工具得到类的关系图和函数关系图，与面向对象设计规格说明比较检测程序结构和实现上是否有缺陷，是否符合需求设计。

动态测试根据功能结构图、类关系图或者实体关系图，确定不需要被重复测试的部分，通过覆盖标准减少测试工作量。覆盖标准有如下几类：

(1) 达到类所有的服务要求或服务提供的覆盖率。

(2) 依据类之间传递的消息，达到对所有执行线程的覆盖率。

(3) 达到类的所有状态的覆盖率。

通过下列步骤设计测试用例：

(1) 选定检测的类，参考 OOD 分析结果，得到类的状态和行为、类或成员函数间传递的消息、输入或输出的界定等数据。

(2) 确定采用什么样的覆盖标准。

(3) 利用结构关系图确定待测类的所有关联。

(4) 根据程序中类的对象构造测试用例，确认使用什么输入激发类的状态，使用类的服务和期望产生什么行为等。

5.6.2　面向对象交互测试

1. 概述

面向对象软件由若干对象组成，通过对象之间的相互协作实现功能。交互包含对象和组成对象之间的消息，还包含对象和与之相关的其他对象之间的消息，是一系列参与交互的对象协作中的消息的集合。例如，对象作为参数传递给另一对象时，或者当一个对象包含另一对象的引用并将其作为这个对象状态的一部分时，对象的交互就会发生。

对象交互的方式有如下几类：

(1) 公共操作将一个或多个类命名为正式参数的类型。

(2) 公共操作将一个或多个类命名为返回值的类型。

(3) 类的方法创建另一个类的实例，并通过该实例实现调用操作。

(4) 类的方法引用某个类的全局实例。

交互测试的重点是确保对象之间进行消息传递，当接收对象的请求，处理方法的调用时，由于可能发生多重的对象交互，因此需要考虑交互对象内部状态的影响，以及相关对象的影响。这些影响主要包括：所涉及的对象的部分属性值的变化，所涉及的对象的状态的变化，创建一个新对象和删除一个已经存在的对象而发生的变化。

进行交互测试时，具有以下几个特点：

(1) 假定相互关联的类都已经被充分测试。

(2) 交互测试建立在公共操作上，比建立在类实现的基础上简单。

(3) 采用一种公共接口方法，将交互测试限制在与之相关联的对象上。

(4) 根据每个操作说明选择测试用例，并且这些操作说明都基于类的公共接口。

2. 交互类型

面向对象程序中类分为原始类和非原始类。原始类是最简单的组件，其数目较少。非原始类是指在某些操作中支持或需要使用其他对象的类。根据非原始类与其他实例交互的程度，非原始类分为汇集类和协作类。下面具体介绍汇集类和协作类测试。

1) 测试汇集类

汇集类是指有些类的说明中使用对象，但是实际上从不和这些对象进行协作。编译器和开发环境的类库通常包含汇集类。例如 C++的模板库、列表、堆栈、队列、映射等管理对象。汇集类一般具有如下行为：

(1) 存放这些对象的引用。

(2) 创建这些对象的实例。

(3) 删除这些对象的实例。

2) 测试协作类

凡不是汇集类的非原始类就是协作类。协作类是指在一个或多个操作中使用其他的对象并将其作为实现中不可缺少的一部分。协作类测试的复杂性远远高于汇集类测试的复杂性，协作类测试必须在参与交互的类的环境中进行测试，需要创建对象之间交互的环境。

3. 交互测试

系统交互既发生在类内方法之间，也发生在多个类之间。类 A 与类 B 交互如下：

(1) 类 B 的实例变量作为参数传给类 A 的某方法，类 B 的改变必然导致对类 A 的方法的回归测试。

(2) 类 A 的实例作为类 B 的一部分，类 B 对类 A 中变量的引用需进行回归测试。

由于交互测试的粒度与缺陷的定位密切相关，粒度越小越容易定位缺陷。但是，粒度小使得测试用例数和测试执行开销增加。因此，测试权衡于资源制约和测试粒度之间，应正确地选择交互测试的粒度。

被测交互聚合块大小的选择，需要考虑以下三个因素：

(1) 区分那些与被测对象有组成关系的对象和那些仅仅与被测对象有关联的对象。在类测试期间，测试组合对象与其组成属性之间的交互。集成测试时，测试对象之间的交互。

(2) 交互测试期间所创建的聚合层数与缺陷的能见度紧密相关，若"块"太大，则会有不正确的中间结果。

(3) 对象关系越复杂，一轮测试之前被集成的对象应该越少。

5.7　面向对象系统测试

单元测试和集成测试仅能保证软件开发的功能得以实现，但不能确认在实际运行时，是否满足用户的需要，因此，必须对软件进行规范的系统测试。确认测试和系统测试不关心类之间连接的细节，着眼于用户的需求，测试软件在实际投入使用中与系统其他部分配套运行的情况，保证系统各部分在协调工作的环境下正常工作。

系统测试参照面向对象分析模型，测试组件序列中的对象、属性和服务。组件是由若干类构建的，首先实施接受测试。接受测试将组件放在应用环境中，检查类的说明，采用极值甚至不正确的数值进行测试。其次，组件的后续测试应顺着主类的线索进行。

5.8　习　　题

简答题

1. 什么是汇集类？什么是协作类？怎样测试汇集类和协作类？
2. OOA 阶段的测试划分为几个方面？分别是什么？
3. 软件测试模型是什么？

第6章　软件测试管理

作为软件项目开发的一个必要的组成部分，软件测试需要良好的组织和管理。使用软件质量规范编写和实现测试用例和模型，可以有效地组织测试。如何有效地组织和管理好软件测试活动，使之有序开展？本章通过介绍软件测试管理所包含的测试组织、测试过程、缺陷管理、风险管理几方面来回答这个问题。

6.1　测　试　组　织

6.1.1　角色分工

测试组织的角色包括测试主管、测试组组长、测试分析员、测试者等。图 6.1 给出了这些角色相互之间的关系。

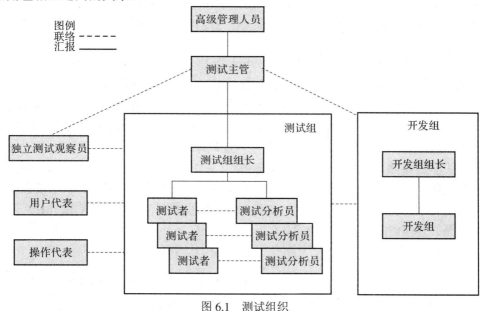

图 6.1　测试组织

1. 测试主管

测试主管有权管理测试过程日常的组织工作，负责保证在给定的时间、资源和费用的限制下进行测试项目，产生满足所需的质量标准的产品。测试主管在适当的时候也要负责与开发组进行联络，保证他们遵循在过程中引用的单元测试和集成测试方法。测试主管还要同独立测试观察员联系，接收有关没有正确遵循测试过程的测试项目的报告。

测试主管向公司内的高级主管或领导报告，如质量保证(QA)主管或信息技术领导。在大的公司中，尤其对于那些遵循规范的项目管理过程的公司中，测试主管可以向测试程序委员会报告，该委员会负责把握测试程序的项目管理的总体方向。在这种情况下，要求测试主管代表部门的利益并签署验收测试证明文档。

测试主管的职位可以是一个兼职的角色，可以由一个现有的高级主管或领导(如 QA 主管或 IT 领导)兼任。在测试涉及的人员相对较少的小公司中尤其可能出现这种情况。

2. 测试组组长

测试组组长有权运作一个项目。他的职责包括为测试分析员和测试者分配任务，按照预定的计划监控他们的工作进度，建立和维护测试项目文件系统，保证产生测试项目相关材料顺利完成。这些材料包括：测试计划文档、测试规范说明文档，测试组组长负责产生这些文档，也可以授权测试分析员来完成这些文档。测试组组长听取一个或多个测试分析员和测试者的报告，并向测试主管汇报。测试组组长将和独立测试观察员联系(如讨论参加一个特定测试的可行性)，适当的时候还会和开发组组长联系(完成测试项目的早期计划和基本的测试设计，并确定 AUT 测试的有效性)。在验收测试时，测试组组长负责和用户代表、操作代表联系，以便有一个或多个用户来执行用户和操作验收测试。

3. 测试分析员

测试分析员负责设计和实现用于完成自动化测试(Automation Test, AUT)的一个或多个测试脚本(以及相关的测试用例)。测试分析员也可以派去协助测试组组长生成测试规格说明文档。

在调试测试用例的设计过程中，测试分析员需要分析 AUT 的需求规格说明，以便确定必须测试的特定需求。在这个过程中，测试分析员应该优先考虑测试用例，以反映被确认的特性的重要性以及在正常使用 AUT 中导致失败的特性的风险。测试分析员可以通过给每个测试用例赋高、中或低值的方法来完成这一工作。这是一项重要的工作，因为它可以帮助测试组组长在时间和资源有限的情况下集中测试的人力。

在完成测试项目后，测试分析员负责备份和归档所有的测试文档和材料。这些材料将提交给测试组组长进行归档。测试分析员还负责完成一份测试总结报告，这份报告简要介绍该测试项目中的关键点。测试分析员要向测试组组长汇报，并在开始测试 AUT 之前和测试者联系，向他们简单介绍他们的任务。

4. 测试者

测试者主要负责执行由测试分析员建立的测试脚本，并负责解释测试用例结果并将结果记录到文档中。在执行测试脚本之前，测试者首先要建立和初始化测试环境，其中包括测试数据和测试硬件，以及其他支持测试所需的软件(加模拟器和测试辅助程序)。在测试执行过程中，测试者负责填写测试结果记录表格，以便记录执行每个测试脚本观察到的结果。测试者使用测试脚本对预期结果进行描述。

在完成测试以后，测试者还负责备份测试数据、模拟器或测试辅助程序以及测试中使用的硬件的说明。这些材料将提交给测试组组长归档。

6.1.2　进阶之路

1. 初级测试工程师

初级测试工程师是刚入门拥有计算机科学学位的个人或具有一些手工测试经验的个人，负责开发测试脚本并开始熟悉测试生存周期和测试技术。

2. 测试工程师/程序分析员

测试工程师/程序分析员是具有 1～2 年经验的测试工程师或程序员，能够编写自动测试脚本程序，担任测试编程初期的领导工作并拓展编程语言、操作系统、网络与数据库技能。

3. 高级测试工程师/程序分析员

高级测试工程师/程序分析员是具有 3～4 年经验的测试工程师或程序员，能够帮助开发或维护测试或编程标准与过程，负责同级的评审，并为其他初级的测试工程师或程序员充当顾问。

4. 测试组负责人

测试组负责人是具有 4～6 年经验的测试工程师或程序员，负责管理 1 至 3 名测试工程师或程序员，担负一些进度安排和工作规模/成本估算的职责。

5. 测试/编程负责人

测试/编程负责人是具有 6～10 年经验的测试工程师或程序员，负责管理 8 至 10 名技术人员，负责进度安排、工作规模/成本估算、按进度表和预算目标交付产品。

6. 测试/质量保证/开发(项目)经理

测试/质量保证/开发(项目)经理是具有 10 多年的工作经验的测试工程师或程序员，管理 8 名或更多的人员参加的一个或多个项目，负责这一领域(测试/质量保证/开发)内的整个开发生存周期业务。

7. 计划经理

计划经理是具有 15 年以上开发与支持(测试/质量保证)活动方面经验的测试工程师或程序员，管理从事若干项目的人员以及整个开发生存周期，负责把握项目方向与盈亏责任。

6.2　测　试　过　程

6.2.1　测试过程概述

软件测试过程管理在各个阶段的具体内容是不同的，但在每个阶段，测试任务的最终完成都要经过从计划、设计、执行到结果分析、总结等一系列相同步骤，这构成软件测试的一个基本过程。

软件测试过程管理主要包括测试项目启动、制定测试计划、测试实施和测试执行、测试结果审查和分析以及如何开发或使用测试过程管理工具。概括起来有如下基本内容：

(1) 测试项目启动。首先要确定项目组长，只要把项目组长确定下来，就可以组建整个测试小组，并可以和开发等部门开展工作。接着参加有关项目计划、分析和设计的会议，获得必要的需求分析、系统设计文档以及相关产品/技术知识的培训和转移。

(2) 制订测试计划。确定测试范围、测试策略和测试方法，以及对风险、日程表、资源等进行分析和估计。

(3) 测试设计和测试开发。制订测试的技术方案、设计测试用例、选择测试工具、写测试脚本等。测试用例设计要事先做好各项准备，才开始进行，最后还要让其他部门审查测试用例。

(4) 测试实施和执行。建立或设置相关的测试环境，准备测试数据，执行测试用例，对发现的软件缺陷进行报告、分析、跟踪等。测试执行没有很高的技术性，但是测试的基础，直接关系到测试的可靠性、客观性和准确性。

(5) 测试结果的审查和分析。当测试执行结束后，对测试结果要进行整体或综合分析，以确定软件产品质量的当前状态，为产品的改进或发布提供数据和依据。从管理来讲，要做好测试结果的审查和分析会议，以及做好测试报告或质量报告写作、审查。

6.2.2　测试计划

测试计划要针对测试目的来规定测试的任务、所需的各种资源和投入、人员角色的安排、预见可能出现的问题和风险，以指导测试的执行，最终实现测试的目标，保证软件产品质量。

编写测试计划的目的如下：

(1) 为测试各项活动制定一个现实可行的、综合的计划，包括每项测试活动的对象、范围、方法、进度和预期结果。

(2) 为项目实施建立一个组织模型，并定义测试项目中每个角色的责任和工作内容。

(3) 开发有效的测试模型，能正确地验证正在开发的软件系统。

(4) 确定测试所需要的时间和资源，以保证其可获得性、有效性。

(5) 确立每个测试阶段测试完成以及测试成功的标准和要达到的目标。

(6) 识别出测试活动中各种风险，并消除可能存在的风险，降低损失。

测试计划涉及如下内容。

1. 测试策略的制定

测试策略描述当前测试的目标和所采用的测试方法。这个目标不是上述测试计划的目标，而是针对某个应用软件系统或程序的目标。具体的测试任务要达到的预期结果，包括在规定的时间内哪些测试内容要完成，软件产品的特性或质量在哪些方面得到确认。测试策略还要描述测试不同阶段(单元测试、集成测试、系统测试)的测试对象、范围和方法以及每个阶段内所要进行的测试类型(功能测试、性能测试、压力测试等)。在制订测试策略前，要确定测试策略项，测试策略包括：

(1) 要使用的测试技术和工具，如60%用工具自动测试，40%手工测试。

(2) 测试完成标准，用以计划和实施测试，及通报测试结果。如95%的测试用例通过并且重要级别的缺陷全部解决。

(3) 影响资源分配的特殊考虑，例如有些测试必须在周末进行，有些测试必须通过远程环境执行，有些测试需考虑与外部接口或硬件接口的连接。

(4) 在确认测试方法时，要根据实际情况，结合测试策略的特点来选择合适的方法。

(5) 根据是否需要执行被测软件来划分，有静态测试和动态测试。静态测试如规格说明书、程序代码的审查，在工作中容易被忽视，在测试策略上应说明如何加强这些环节。

(6) 根据是否针对系统的内部结构和具体实现算法来划分，有"白盒"测试和"黑盒"测试。如何将"白盒"测试和"黑盒"测试有机地结合起来测试，也是测试策略要处理的问题之一。

2. 测试计划阶段划分

测试计划经过计划初期、起草、讨论、审查等不同阶段，才能将测试计划制订好。而且，不同的测试阶段(集成测试、系统测试、验收测试等)或不同的测试任务(安全性测试、性能测试、可靠性测试等)都可能要有具体的测试计划。

(1) 计划初期是收集整体项目计划、需求分析、功能设计、系统原型、用例报告等文档或信息，理解用户的真正需求，达到一致的理解。

(2) 测试计划最关键的一步就是确定测试需求、测试层次。将软件分解成单元，对各个单元写对应的测试需求，测试需求是测试设计和开发测试用例的基础，也是用来衡量测试覆盖率的重要指标。

(3) 计划起草。根据计划初期所掌握的各种信息、知识，确定测试策略，设计测试方法，完成测试计划的框架。

(4) 内部审查。在提供给其他部门讨论之前，先在测试小组/部门内部进行审查。

(5) 计划讨论和修改。召开有需求分析、设计、开发人员参加的计划讨论会议，针对测试计划设计的思想、策略进行讨论交流。

(6) 测试计划的多方审查。项目中的每个人都应当参与审查(即市场人员、开发人员、技术支持人员及测试人员)。

(7) 测试计划的定稿和批准。在计划讨论、审查的基础上，综合各方面的意见，就可以完成测试计划书，然后报给测试经理或 QA 经理，得到批准，方可执行。

3. 测试计划的要点

软件测试计划的内容主要包括：产品基本情况、测试需求说明、测试策略说明、测试资源配置、计划表、问题跟踪报告、测试计划的评审、结果等。除了产品基本情况、测试需求说明、测试策略等，测试计划的焦点集中在以下方面：

(1) 计划的目的：项目的范围和目标，各阶段的测试范围、技术约束和管理特点。

(2) 项目估算：使用的历史数据，使用的评估技术，工作量、成本、时间估算依据。

(3) 风险计划：测试可能存在的风险分析、识别，以及风险的回避、监控、管理。

(4) 日程：项目工作分解结构，并采用时限图、甘特图等方法制定时间/资源表。

(5) 项目资源：人力资源是重点，日程安排是核心。

(6) 跟踪和控制机制：质量保证和控制、变更管理和控制等。测试计划书的内容也可以按集成测试、系统测试、验收测试等阶段去组织，为每一个阶段制订一个计划书，也可以为每个测试任务/目的(安全性测试、性能测试、可靠性测试等)制订特别的计划书。

4. 测试计划的编写

按照国家标准或有关行业标准编写测试计划，测试计划要提供被测软件的背景信息、测试目标、测试步骤、测试数据整理以及评估准则。它包括：

(1) 测试用户使用环境或业务运行环境。

(2) 测试基本原理和策略。

(3) 测试计划阶段划分。

(4) 测试计划要点。

(5) 功能描述和功能覆盖说明。

(6) 测试用例清单，说明每个测试用例所测试的内容。

(7) 测试开始准则和退出准则。

每个测试用例的序言至少包括下列信息：

(1) 测试用例说明和用途。

(2) 设置需求(输入、输出)。

(3) 运行测试用例的操作命令。

(4) 正常和异常信息。

(5) 编写测试用例的作者。

6.2.3　测试设计

软件测试设计建立在测试计划书的基础上，认真理解测试计划的测试大纲、测试内容及测试的通过准则，通过测试用例来完成测试内容与程序逻辑的转换，作为测试实施的依据，以实现所确定的测试目标。

软件测试设计主要内容有：

(1) 制定测试的技术方案，确认各个测试阶段要采用的测试技术、测试环境和平台，以及选择什么样的测试工具。系统测试中的安全性、可靠性、稳定性、有效性等测试技术方案是这部分工作内容的重点。

(2) 设计测试用例，根据产品需求分析、系统设计等规格说明书，在测试技术选择的方案基础上，设计具体的测试用例。

(3) 设计测试用例特定的集合，满足一些特定的测试目的和任务，即根据测试目标、测试用例的特性和属性(优先级、层次、模块等)来选择不同的测试用例，构成执行某个特定测试任务的测试用例集合(组)，如基本测试用例组、专用测试用例组、性能测试用例组、其他测试用例组等。

(4) 测试开发：根据所选择的测试工具，将所有可以进行自动化测试的测试用例转换为测试脚本的过程。

(5) 测试环境的设计，根据所选择的测试平台以及测试用例所要求的特定环境，进行服务器、网络等测试环境的设计。

软件测试设计中，要考虑的要点有：

(1) 所设计的测试技术方案是否可行、是否有效、是否能达到预期的测试目标。

(2) 所设计的测试用例是否完整、边界条件是否考虑、其覆盖率能达到的百分比。

(3) 所设计的测试环境是否和用户的实际使用环境比较接近。

6.2.4 测试执行

当测试用例的设计和测试脚本的开发完成之后，就开始执行测试。测试的执行有手工测试和自动化测试。手工测试在合适的测试环境上，按照测试用例的条件、步骤要求，准备测试数据，对系统进行操作，比较实际结果和测试用例所描述的期望结果，以确定系统是否正常运行或正常表现；自动化测试通过测试工具，运行测试脚本，得到测试结果。

测试过程中发现的软件错误或缺陷可提交或纳入到软件缺陷管理过程中。缺陷的跟踪和管理一般由数据库系统来执行，但数据库系统也是依赖于一定的规则和流程进行的，主要的思路有：

(1) 设计好每个缺陷应该包含的信息条目、状态分类等。

(2) 通过系统自动发出邮件给相应的开发人员和测试人员，使得任何缺陷都不会被错过，并能得到及时处理。

(3) 通过日报、周报等各类项目报告来跟踪目前的缺陷状态。

(4) 在各个大小里程碑之前，召开有关人员的会议，对缺陷进行会审。

(5) 通过一些历史曲线、统计曲线等进行分析，预测未来的情况。

6.2.5 测试总结

测试执行全部完成，并不意味着测试项目的结束。测试项目结束的阶段性标志是将测试报告或质量报告发出去后，得到测试经理或项目经理的认可。除了测试报告或质量报告的写作之外，还要对测试计划、测试设计和测试执行等进行检查、分析，完成项目的总结，编写《测试总结报告》。通常包括以下活动：

(1) 审查测试全过程：在原来跟踪的基础上，要对测试项目进行全过程、全方位的审视，检查测试计划、测试用例是否得到执行，检查测试是否有漏洞。

(2) 对当前状态的审查：包括产品 bug 和过程中没解决的各类问题。对产品目前存在的缺陷进行逐个分析，了解缺陷对产品质量影响的程度，从而决定产品的测试能否告一段落。

(3) 结束标志：根据上述两项的审查进行评估，如果所有测试内容完成、测试的覆盖率达到要求以及产品质量达到已定义的标准，就可以对测试报告定稿，并发送出去。

(4) 项目总结：通过对项目中的问题分析，找出流程、技术或管理中所存在的问题根源，避免今后再出现这种问题，并获得项目成功经验。

6.2.6 测试过程改进

软件测试过程改进主要着眼于合理调整各项测试活动的时序关系，优化各项测试活动的资源配置以及实现各项测试活动效果的最优化。

1. 测试过程改进的概念

测试过程的改进对象应该包括三个方面：组织、技术和人员。测试过程改进需要对组织给予特别关注，因为过程都是基于特定的组织架构建设的，而且组织设置是否合理对过程的好坏有决定性的影响。软件测试组织的不良架构通常表现在以下方面：

(1) 没有恰当的角色追踪项目进展。

(2) 没有恰当的角色进行缺陷控制、变更和版本追踪。

(3) 项目在测试阶段效率低下、过程混乱。

(4) 只有测试经理了解项目，项目成了个人的项目，而不是组织的项目。

(5) 关心进度，而忘记了项目的另外两个要素——质量和成本。

上述问题可从组织上找出原因。因此在测试过程改进中可以先将测试从开发活动中分离出来，把缺陷控制、版本管理和变更管理从项目管理中分离出来。此外，需要给测试经理赋予明确的职责和目标。技术的改进包括对流程、方法和工具的改进，它包括组织或者项目对流程进行明确的定义，杜绝随机过程，引入统一的管理方法，并使用标准的经过组织认可的工具和模板。人员的改进主要是指对企业文化的改进，它将促使建立高效率的团队和组织。

由于测试过程改进是一项长期的、没有终点的活动，而且要获得改进过程的收益也是长期的过程，因此在起步实施测试过程改进时，要充分考虑战略，并根据公司的战略目标确定测试部门的战略，描绘远景。将测试过程改进与公司战略目标相联系，是改进成功实施的必要条件，也是各公司在实施测试过程改进中获得的最佳实践。在研究过程中，组织的规划内容通常包括：

(1) 绘制远景：如提高测试生产率，促使部门测试能力达到公司领先水平。

(2) 战略分析：如在部门内制订三年计划。以内部人员为主，引入适当的培训，通过一年半到两年的内部过程，达到 CMMI3(能力成熟度模型集成)成熟度，适时进行评估，最终目标为 CMMI4。

(3) 优缺点评估：上述战略方法的优点在于前期以内部改进为宗旨，避免了拔苗助长带来的风险，可以使过程改进更符合组织的实际情况。

下面列举在研究过程中收集的可供参照的测试过程改进的主要策略方法：

(1) 重诊断，轻评估。要以诊断和解决测试过程中的实际问题作为测试过程改进的目的，不能盲目追求商业评估。在以往实施 ISO9000 的过程中曾发现，组织拿证书的愿望常常会冲淡"过程改进"的真正目的。

(2) 实施制度化的同时，建设企业文化。实施全面制度化的管理是过程改进的有效保障，制度和组织文化总是互相依存的关系。

(3) 引入软件工具。推行配置、自动化测试和缺陷跟踪等工具，将有效地分解事务性工作，可以缓解人力资源不足的困难。常见的过程管理方面的工具包括 Rational 公司的 ClearCase、ClearQuest，CA 公司的 CCC/Harvest 等。

(4) 建设管理和工程基础。

(5) 发动全员参与。全员参与可以分三个层面来理解：第一，站在高于项目管理的层面；第二，站在项目管理的层面；第三，站在开发人员和测试人员层面。充分调动各方面人员的积极性。

(6) 现有过程的复用。该原则可以充分利用现有过程的合理部分，提高被改进过程的可接受程度和使用价值。

2. 软件测试过程改进具体方法

过程改进在软件测试过程中占有举足轻重的位置，因此为了更好地保证软件质量，测试过程改进是测试人员经常要做的事情，下面列出了一些软件测试过程改进的具体方法。

1) 调整测试活动的时序关系

在软件测试过程的测试计划中，不恰当的测试时序会引起误工和测试进度失控。例如，具体到某个工程实践中，有些测试活动是可以并行的，有些测试活动是可以归并完成的，有些测试活动在时间上存在线性关系等。所有这些一定要区分清楚并且要做最优化调整，否则会对测试进度产生不必要的影响。

2) 优化测试活动资源配置

在软件测试过程中，必然会涉及人力、设备、场地、软件环境、经费等资源。那么如何合理地调配各项资源给相关的测试活动是非常值得斟酌的，否则会引起误工和测试进度的失控。在测试资源配置中最常见的是人力资源的调配，测试部门如果能深入了解员工的专长与兴趣所在，在进行人员分配时，根据各自的特点进行分配，就能对测试活动的开展起到事半功倍的效果。

3) 提高测试计划的指导性

测试计划的指导性就是指测试计划的执行能力。在软件测试过程中，很多时候实际的测试和测试计划是脱节的，或者说很大程度上是没有按照测试计划去执行。测试计划的完成不仅仅是起草测试大纲，而是为了确保测试大纲中计划的内容能真正被执行、真正用于指导测试工作，为了更好地完成测试活动，保证软件的质量。

4) 确立合理的度量模型和标准

在测试过程改进中，测试过程改进小组应根据企业与项目的实际情况制订适合自己公司的质量度量模型和标准，做出符合自己公司发展策略的投入。但是质量度量模型和标准的确立不是马上就可以进行的，而是测试过程改进小组随着测试过程的进行不断实践、不断总结、不断改进的。而质量度量模型和标准一旦确立，很多测试活动就不至于陷入过度测试或测试不够的尴尬状态中，使得测试活动在公司与项目不断发展变化的氛围中保持动态平衡。

5) 提高覆盖率

覆盖率越高，表明测试的质量越高。覆盖率包括内容的覆盖和技术覆盖。内容的覆盖指的是起草测试计划、设计测试用例、执行测试用例和跟踪软件缺陷。内容覆盖率越高，就越能避免故障被遗漏的情况。技术的覆盖指一项技术指标要尽可能地做到测试技术的覆盖，采用科学的方法来验证某项指标，可以更好地保证产品的质量。

6.3　缺　陷　管　理

通常认为，软件缺陷符合下面 4 个规则之一。

(1) 软件未达到软件规格说明书中规定的功能；

(2) 软件出现了产品说明书中指明不会出现的错误；

(3) 软件功能超出了产品说明书中指明的范围；

(4) 软件测试人员认为软件难于理解，不易使用，运行速度慢，或者最终用户认为软件使用效果不好。

【例 6-1】 软件缺陷举例。

计算器说明书一般声称该计算器将准确无误进行加、减、乘、除运算。如果测试人员选定了数值，按下"＋"号后，再按下一数值，如果没有任何结果出现，或者得到了错误的答案，则根据规则(1)，这是一个缺陷。

计算器产品说明书指明计算器不会出现崩溃、死锁或者停止反应等情况，而测试人员按键后，计算器却停止接收等，根据规则(2)，这是一个缺陷。若在测试过程中发现，由于电池没电等原因导致计算不正确，但产品说明书上没有指出此情况下应该如何进行处理，这也是一个缺陷。

若在进行测试时，发现除了产品说明书规定的加、减、乘、除运算功能之外，还能够进行求平方根的运算，而这一功能并没有在说明书中给出，根据规则(3)，这是一个缺陷。

如果测试人员发现计算器某些功能不好使用，如按键太小、显示屏在亮光下无法看清等，根据规则(4)，这是一个缺陷。

6.3.1　缺陷原因

软件缺陷不仅会导致项目进度无法控制，推迟了项目的发布日期，而且缺陷的修复费用也会随着软件开发阶段急剧上升，在需求分析阶段发生的缺陷，在产品发布之后修复缺陷的成本将是在软件需求阶段修复缺陷的 100 倍，甚至更高，缺陷的延迟解决必然导致整个项目成本的急剧增加。

缺陷产生与软件本身特点、软件项目管理、团队工作等许多原因有关，如图 6.2 所示。

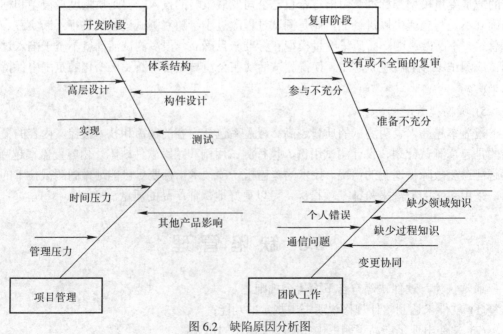

图 6.2　缺陷原因分析图

缺陷产生的原因主要涉及以下因素。

1. 开发阶段

由于软件与硬件不同，其本身固有复杂性。当前软件系统具有图形用户界面、B/S 结构、面向对象设计、分布式运算、底层通信协议、超大型关系型数据库等多种模块，从而使得软件系统的复杂性呈指数增长。其次，由于需求变化增加了软件系统开发的复杂性，产生了大量不确定因素，这些都导致许多缺陷产生。

2. 项目管理

首先，软件项目开发过程中往往由于时间的限制，导致缺少文档的编写，而文档的贫乏容易使得代码维护和修改变得很难。其次，由于开发流程不够完善，存在较多的随机性和缺乏严谨的内审或评审机制，这些都容易产生缺陷。

3. 团队工作

由于团队组成人员个人的认知层面、各自拥有的知识、处事原则各不相同，交流不充分等，使得缺陷产生。

4. 复审阶段

由于没有或不全面的复审，使得缺陷产生

6.3.2　缺陷内容

软件缺陷内容包括缺陷标识、缺陷类型、缺陷严重程度、缺陷产生的可能性、缺陷优先级、缺陷状态、缺陷来源。

1. 缺陷标识

缺陷标识是标记某个缺陷的唯一的表示，可以使用数字序号表示。

2. 缺陷类型

缺陷类型是根据缺陷的自然属性划分缺陷种类，如表 6.1 所示

表 6.1　软件缺陷类型列表

缺陷类型	描　　述
功能	影响了各种系统功能、逻辑的缺陷
用户界面	影响了人机交互特性，如屏幕格式、输入/输出格式等方面的缺陷
文档	影响发布和维护，包括注释、用户手册、设计文档
软件包	由于软件配置库、变更管理或版本控制引起的错误
性能	不满足系统可测量的属性值，如执行时间、事务处理速率等
系统/模块接口	与其他模块或参数、控制块或参数列表等不匹配、冲突

3. 缺陷严重程度

缺陷严重程度是指因缺陷引起的故障对软件产品的影响程度，所谓"严重性"指的是在测试条件下，一个错误在系统中的绝对影响。软件缺陷严重等级如表 6.2 所示。

表 6.2　软件缺陷严重等级列表

缺陷严重等级	描　述
致命	系统任何一个主要功能完全丧失、用户数据受到破坏、系统崩溃、悬挂、死机或者危及人身安全
严重	系统的主要功能部分丧失、数据不能保存，系统的次要功能完全丧失，系统所提供的功能或服务受到明显的影响
一般	系统的次要功能没有完全实现，但不影响用户的正常使用。例如提示信息不太准确或用户界面差、操作时间长等一些问题
较小	使操作者不方便或遇到麻烦，但它不影响功能的操作和执行，如个别的不影响产品理解的错别字、文字排列不对齐等一些小问题

【例 6-2】软件缺陷举例。

测试人员 A 和测试人员 B 在项目中发现缺陷数目分布分别如表 6.3 和表 6.4 所示。

表 6.3　测试人员 A 发现的缺陷数目

缺陷严重等级	缺陷个数
致命	100
严重	200
一般	300
较小	400
合计数量	1000

表 6.4　测试人员 B 发现的缺陷数目

缺陷严重等级	缺陷个数
致命	150
严重	350
一般	300
较小	200
合计数量	1000

测试人员 A 和测试人员 B 在项目中发现缺陷数目总数一样，都是 1000。

缺陷严重等级与权值关系如表 6.5 所示。

表 6.5　缺陷严重等级与权值关系

缺陷严重级别	权值
致命	4
严重	3
一般	2
较小	1

根据加权法度量缺陷，测试人员 A 和测试人员 B 所发现的缺陷价值分别如表 6.6 和表 6.7 所示。

表 6.6　测试人员 A 发现的缺陷价值

缺陷严重等级	缺陷个数	权值	缺陷价值
致命	100	4	400
严重	200	3	600
一般	300	2	600
较小	400	1	400
总计：2000			

表 6.7　测试人员 B 发现的缺陷价值

缺陷严重等级	缺陷个数	权值	缺陷价值
致命	150	4	600
严重	350	3	1050
一般	300	2	600
较小	200	1	200
总计：2450			

结论是：虽然测试人员 A 和测试人员 B 发现缺陷的总数相等，但是通过加权计算可知缺陷的总体价值不一样。

4. 缺陷产生的可能性

缺陷产生的可能性指缺陷在产品中发生的可能性，通常用频率来表示，如表 6.8 所示。

表 6.8　缺陷产生的可能性列表

缺陷产生的可能性	描　述
总是	总是产生这个软件缺陷，其产生的概率是 100%
通常	通常情况下会产生这个软件缺陷，其产生的概率大概是 80%～90%
有时	有的时候产生这个软件缺陷，其产生的概率大概是 30%～50%
很少	很少产生这个软件缺陷，其产生的概率大概是 1%～5%

5. 缺陷优先级

缺陷优先级指缺陷必须被修复的紧急程度。"优先级"的衡量抓住了在严重性中没有考虑的重要程度因素，如表 6.9 所示。

表 6.9　软件缺陷优先级列表

缺陷优先级	描　述
立即解决	缺陷导致系统几乎不能使用或测试不能继续，需立即修复
高优先级	缺陷严重，影响测试，需要优先考虑
正常排队	缺陷需要正常排队等待修复
低优先级	缺陷可以在开发人员有时间的时候被纠正

一般来讲，缺陷严重等级和缺陷优先级相关性很强，但是，具有低优先级和高严重性的缺陷是可能存在的，反之亦然。例如，产品徽标是重要的，它一旦丢失了，会阻碍产品的形象，这种缺陷是用户界面的产品缺陷，但是它是优先级很高的软件缺陷。

6. 缺陷状态

缺陷状态指缺陷通过一个跟踪修复过程的进展情况，也就是在软件生命周期中的状态基本定义，如表 6.10 所示。

表 6.10   软件缺陷状态列表

缺陷状态	描　述
激活或打开	问题存在于源代码中，确认"提交的缺陷"，等待处理，如新报的缺陷
已修正或修复	已被开发人员修复过的缺陷，通过单元测试已解决，但还没有被测试人员验证
关闭或非激活	测试人员验证后，确认缺陷不存在之后的状态
重新打开	测试人员验证后，还依然存在的缺陷，等待开发人员进一步修复
推迟	这个软件缺陷可以在下一个版本中解决
保留	由于技术原因或第三者软件的缺陷，开发人员不能修复的缺陷
不能重现	开发不能复现这个软件缺陷，需要测试人员检查缺陷复现的步骤

7. 缺陷来源

缺陷来源指缺陷所在的地方，如文档、代码等，如表 6.11 所示。

表 6.11   软件缺陷来源列表

缺陷来源	描　述
需求说明书	需求说明书的错误或不清楚引起的问题
设计文档	设计文档描述不准确以及与需求说明书不一致的问题
系统集成接口	系统各模块参数不匹配、开发组之间缺乏协调引起的缺陷
数据流(库)	由于数据字典、数据库中的错误引起的缺陷
程序代码	纯粹在编码中的问题所引起的缺陷

6.3.3 缺陷流程

为了不遗漏任何缺陷，并提高缺陷修复质量，通常需要执行缺陷跟踪，即从缺陷被发现开始到被改正为止的整个跟踪流程，如图 6.3 所示。

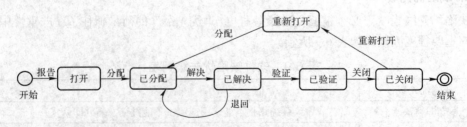

图 6.3   缺陷跟踪流程

缺陷跟踪流程大致如下：缺陷的状态为"打开"，被分配给开发人员进行修复，此时缺陷状态设置为"已分配"，开发人员修复完毕后，将缺陷状态设置为"已解决"，如果通过回归测试，确认缺陷已被修复，则将缺陷状态改为"已验证"，否则退回给开发人员重新进行修复。当一个缺陷结束后被关闭，其状态变为"已关闭"，已被关闭的缺陷如果被发现仍有问题，则将其重新打开，设置状态变为"重新打开"，以便再分配给开发人员进行修复。

该流程涉及测试人员、项目负责人、开发人员和评审员的角色，具体如下。

(1) 测试人员：执行测试的人，是缺陷的报告者，负责报告缺陷或确认缺陷是否"提交""未通过""通过"。

(2) 项目负责人：对整个项目负责，对产品质量负责，需要及时了解当前有哪些新的缺陷，哪些必须及时修正，"分配"任务。

(3) 开发人员：设计和编码人员，用于了解哪些缺陷需要"修正"与"不修正"。

(4) 评审员：对缺陷进行最终确认，行使仲裁权力。

表 6.12 显示了软件开发各阶段与缺陷引入和移除有关的活动。

表 6.12 与缺陷引入和移除相关的活动

开发阶段	缺陷引入活动	缺陷移除活动
需求	需求说明过程及需求规格说明开发	需求分析和评审
高层设计	设计工作	高层设计审查
详细设计	设计工作	详细设计审查
实现	编码	代码审查
测试	不正确的缺陷修复	测试

6.3.4 缺陷分析方法

软件缺陷分析方法有如下三种。

1. 缺陷分布分析

缺陷分布分析是横向分析方法，针对一个或多个缺陷属性进行分布分析，生成缺陷数量与缺陷属性的函数。缺陷分布分析所涉及的因素如图 6.4 所示。

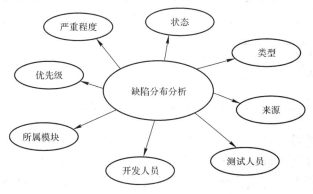

图 6.4 缺陷分布分析所涉及的因素

2. 缺陷趋势分析

缺陷趋势分析用于描述一段时间内缺陷的动态变化情况。其中，缺陷收敛趋势分析图是常用的一种，如图 6.5 所示，它是指在一定周期内遗留缺陷的变化情况，用于反映项目的质量变化情况，作为产品发布的一个重要参考。

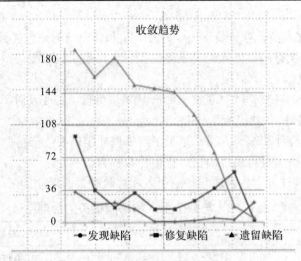

图 6.5　缺陷收敛趋势分析

参数解释如下:

发现缺陷: 测试人员在某一测试周期内新发现的缺陷总数。

修复缺陷: 测试人员在某一测试周期内修复的缺陷总数。

遗留缺陷: 在某一测试周期结束时刻,未关闭的缺陷总数。

3. 注入-发现矩阵分析

注入-发现矩阵如表 6.13 所示。

表 6.13　注入-发现矩阵

	需求	设计	编码	注入设计
需求阶段	8	—	—	8
设计阶段	26	62		88
编码单元测试阶段	4	11	12	27
系统测试阶段	4	3	112	119
验收测试阶段	0	0	28	28
发现总计	42	76	152	270
本阶段缺陷移除率	19%	82%	8%	—

参数解释如下:

缺陷移除率=(本阶段发现的缺陷数/本阶段注入的缺陷数)×100%

缺陷泄露率=(下游发现的本阶段缺陷数/本阶段注入的缺陷总数)×100%

通过注入矩阵分析,可以看出软件开发各个环节的质量,找到最需要改进的环节,从而有针对性地制定改进措施。实际规划"缺陷注入-发现矩阵"时,可对缺陷的发现活动和注入阶段进行细分或粗分。

6.3.5　缺陷预防

无论是测试还是各种技术审查,都只是一种被动的缺陷检测方法,无法防止缺陷的引入，也无法保证能够检测到所有缺陷。而且检测和排除缺陷的过程会消耗大量成本。因此，为了最大限度地减少缺陷并实现软件项目的效益，必须采取主动的预防措施，分析缺陷产生的根本原因，有针对性地消除这些原因，防止将缺陷引入到软件中，即通常所说的"缺陷预防"(Defect Prevention)。

缺陷预防的核心任务是原因分析，也就是找到导致软件缺陷产生的根本原因和共性原因。软件缺陷是指软件对其期望属性的偏离，包含三个层面的信息，即失效(failure)、错误(fault)和差错(error)。

(1) 失效是指软件系统在运行时，其行为偏离了用户的需求，即缺陷的外部表现。

(2) 错误是指存在于软件内部的问题，如设计错误、编码错误等，即缺陷的内部原因；

(3) 差错是指在解决问题的行为过程中所出现的问题，即缺陷的产生根源。

一个差错可导致多个错误，一个错误又可导致多个失效。软件缺陷原因的分析不能只停留在"错误"这一层面上，而要深入到"差错"层面，才能防止一个缺陷(以及类似缺陷)的重复发生，因此软件缺陷的根本原因往往与过程及人员问题相关，缺陷预防总是伴随着软件过程的改进。

6.4　风　险　管　理

软件项目风险管理是软件项目管理的重要内容。在进行软件项目风险管理时，要辨识风险，评估它们出现的概率及产生的影响，然后建立一个规划来管理风险。风险管理的主要目标是预防风险。

软件项目风险是指在软件开发过程中遇到的预算、进度等方面的问题以及这些问题对软件项目的影响。软件项目风险会影响项目计划的实现，如果项目风险变成现实，就有可能影响项目的进度，增加项目的成本，甚至使软件项目不能实现。如果对项目进行风险管理，就可以最大限度地减少风险的发生。但是，目前国内的软件企业不太关心软件项目的风险管理，结果造成软件项目经常性的延期、超过预算，甚至失败。成功的项目管理一般都对项目风险进行了良好的管理。因此任何一个系统开发项目都应将风险管理作为软件项目管理的重要内容。

在项目风险管理中，存在多种风险管理方法与工具，软件项目管理只有找出最适合自己的方法与工具并应用到风险管理中，才能尽量减少软件项目风险，促进项目的成功。软件项目的风险管理是软件项目管理的重要内容。在进行软件项目风险管理时，要辨识风险，评估它们出现的概率及产生的影响，然后建立一个规划来管理风险。风险管理的主要目标是预防风险。本书探讨风险管理的主要内容和方法，介绍风险管理的经典理论，比较几种主流的风险管理策略和模型。

6.4.1　风险管理概述

近几年来软件开发技术、工具都有了很大的进步，但是软件项目开发超时、超支，甚至不能满足用户需求而根本没有得到实际使用的情况仍然比比皆是。软件项目开发和管理中一直存在着种种不确定性，严重影响着项目的顺利完成和提交。但这些软件风险并未得到充分的重视和系统的研究。直到 20 世纪 80 年代，Boehm 比较详细地对软件开发中的风险进行了论述，并提出软件风险管理的方法。Boehm 认为，软件风险管理指的是"试图以一种可行的原则和实践，规范化地控制影响项目成功的风险"，其目的是"辨识、描述和消除风险因素，以免它们威胁软件的成功运作"。

在此基础上，业界对软件风险管理的研究开始慢慢丰富起来，理论上对风险进行了一些分类，提出了风险管理的思路；实践上也出现了一些定量管理风险的方法和风险管理的软件工具。虽然业界对风险管理表现了极大的兴趣，做出了不少努力，但似乎很少有开发项目的组织真正积极地在软件开发过程中使用风险管理的方法。1995 年 IWSED(International Workshop on Software Engineering Data)会议做出的调查显示：风险管理技术没有得到广泛应用的原因并不是大家不相信这种技术的实效性，而是对风险管理的技术和实践缺乏了解。因此，我们认为很有必要对风险管理进行研究。

6.4.2　软件项目风险管理

软件开发中的风险是指软件开发过程中及软件产品本身可能造成的伤害或损失。风险关注未来的事情，这意味着，风险涉及选择及选择本身包含的不确定性，软件开发过程及软件产品都要面临各种决策的选择。风险是介于确定性和不确定性之间的状态，是处于无知和完整知识之间的状态。另一方面，风险将涉及思想、观念、行为、地点等因素的改变。

当在软件工程领域考虑风险时，我们要关注以下的问题：什么样的风险会导致软件项目的彻底失败；用户需求、开发技术、目标计算机以及所有其他与项目有关的因素的改变将会对按时交付和总体成功产生什么影响；对于采用何种方法和工具，需要多少人员参与工作的问题，我们如何选择和决策；软件质量要达到什么程度才是"足够的"。当没有办法消除风险，甚至连试图降低该风险也存在疑问时，这些风险就是真正的风险了。在我们能够标识出软件项目中的真正风险之前，识别出所有对管理者和开发者而言均为明显的风险是很重要的。

风险管理在项目管理中占有非常重要的地位。首先，有效的风险管理可以提高项目的成功率。其次，风险管理可以增加团队的健壮性。与团队成员一起进行风险分析可以让大家对困难有充分估计，对各种意外有心理准备，极大地提高了组员的信心，从而稳定队伍。最后，有效的风险管理可以帮助项目经理抓住工作重点，将主要精力集中于重大风险，将工作方式从被动救火转变为主动防范。

被动风险策略是针对可能发生的风险来监督项目，直到它们变成真正的问题时，才会拨出资源来处理它们。更普遍的是，软件项目组对风险不闻不问，直到发生了错误才赶紧采取行动，试图迅速地纠正错误。这种管理模式常常被称为"救火模式"。当补救的努力失败后，项目就处在真正的危机之中了。

对于风险管理的一个更聪明的策略是主动式的。主动策略早在技术工作开始之前就已经启动了。标识出潜在的风险，评估它们出现的概率及产生的影响，对风险按重要性进行排序，然后，软件项目组建立一个计划来管理风险。主动策略中的风险管理，其主要目标是预防风险。但是，因为不是所有的风险都能够预防，所以项目组必须建立一个应付意外事件的计划，使其在必要时能够以可控的及有效的方式做出反应。任何一个系统开发项目都应将风险管理作为软件项目管理的重要内容。

风险管理目标的实现包含三个要素。第一，必须在项目计划书中写下如何进行风险管理；第二，项目预算必须包含解决风险所需的经费，如果没有经费，就无法达到风险管理的目标；第三，评估风险时，风险的影响也必须纳入项目规划中。

风险管理涉及的主要过程包括：风险识别、风险量化、风险计划和风险监控，如图 6.6 所示。风险识别在项目的开始时就要进行，并在项目执行中不断进行。就是说，在项目的整个生命周期内，风险识别是一个连续的过程。

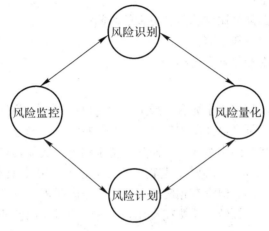

图 6.6　风险管理过程

风险识别：包括确定风险的来源、风险产生的条件，描述风险特征和确定哪些风险事件有可能影响本项目。风险识别不是一次就可以完成的事，应当在项目的自始至终定期进行。

风险量化：涉及对风险及风险的相互作用的评估，是衡量风险概率和风险对项目目标影响程度的过程。风险量化的基本内容是确定哪些事件需要制定应对措施。

风险计划：针对风险量化的结果，为降低项目风险的负面效应制定风险应对策略和技术手段的过程。风险应对计划依据风险管理计划、风险排序、风险认知等依据，得出风险应对计划、剩余风险、次要风险以及为其他过程提供的依据。

风险监控：涉及整个项目管理过程中的风险应对。该过程的输出包括应对风险的纠正措施以及风险管理计划的更新。

每个步骤所使用的工具和方法如表 6.14 所示。

表 6.14　风险管理过程中所使用的工具和方法

风险管理步骤	所使用的工具、方法
风险识别	头脑风暴法、面谈、Delphi 法、核对表、SWOT 技术
风险量化	风险因子计算、PERT 估计、决策树分析、风险模拟
风险计划	回避、转移、缓和、接受
风险监控	核对表、定期项目评估、净值分析

6.4.3 软件项目中的风险

软件项目的风险无非体现在以下四个方面：需求、技术、成本和进度。IT 项目开发中常见的风险有如下几类。

1. 需求风险

(1) 需求已经成为项目基准，但需求还在继续变化；

(2) 需求定义欠佳，而进一步的定义会扩展项目范畴；

(3) 添加额外的需求；

(4) 产品定义含混的部分比预期需要更多的时间；

(5) 在做需求中客户参与不够；

(6) 缺少有效的需求变化管理过程。

2. 计划编制风险

(1) 计划、资源和产品定义全凭客户或上层领导口头指令，并且不完全一致；

(2) 计划是优化的，是"最佳状态"，但计划不现实，只能算是"期望状态"；

(3) 计划基于使用特定的小组成员，而那个特定的小组成员其实指望不上；

(4) 产品规模(代码行数、功能点、与前一产品规模的百分比)比估计的要大；

(5) 完成目标日期提前，但没有相应地调整产品范围或可用资源；

(6) 涉足不熟悉的产品领域，花费在设计和实现上的时间比预期的要多。

3. 组织和管理风险

(1) 仅由管理层或市场人员进行技术决策，导致计划进度缓慢，计划时间延长；

(2) 低效的项目组结构降低生产率；

(3) 管理层审查决策的周期比预期的时间长；

(4) 预算削减，打乱项目计划；

(5) 管理层作出了打击项目组织积极性的决定；

(6) 缺乏必要的规范，导致工作失误与重复工作；

(7) 非技术的第三方的工作(预算批准、设备采购批准、法律方面的审查、安全保证等)时间比预期的延长。

4. 人员风险

(1) 作为先决条件的任务(如培训及其他项目)不能按时完成；

(2) 开发人员和管理层之间关系不佳，导致决策缓慢，影响全局；

(3) 缺乏激励措施，士气低下，降低了生产能力；

(4) 某些人员需要更多的时间适应还不熟悉的软件工具和环境；

(5) 项目后期加入新的开发人员，需进行培训并逐渐与现有成员沟通，从而使现有成员的工作效率降低；

(6) 由于项目组成员之间发生冲突，导致沟通不畅、设计欠佳、接口出现错误和额外的重复工作；

(7) 不适应工作的成员没有调离项目组，影响了项目组其他成员的积极性；

(8) 没有找到项目急需的具有特定技能的人。

5. 开发环境风险

(1) 设施未及时到位；

(2) 设施虽到位，但不配套，如没有电话、网线、办公用品等；

(3) 设施拥挤、杂乱或者破损；

(4) 开发工具未及时到位；

(5) 开发工具不如期望的那样有效，开发人员需要时间创建工作环境或者切换新的工具；

(6) 新的开发工具的学习期比预期的长，内容繁多。

6. 客户风险

(1) 客户对于最后交付的产品不满意，要求重新设计和重做；

(2) 客户的意见未被采纳，造成产品最终无法满足用户要求必须重做；

(3) 客户对规划、原型和规格的审核决策周期比预期的要长；

(4) 客户没有或不能参与规划、原型和规格阶段的审核，导致需求不稳定和产品生产周期的变更；

(5) 客户答复的时间(如回答或澄清与需求相关问题的时间)比预期长；

(6) 客户提供的组件质量欠佳，导致额外的测试、设计和集成工作，以及额外的客户关系管理工作。

7. 产品风险

(1) 矫正质量低下的不可接受的产品，需要比预期更多的测试、设计和实现工作；

(2) 开发额外的不需要的功能(镀金)，延长了计划进度；

(3) 严格要求与现有系统兼容，需要进行比预期更多的测试、设计和实现工作；

(4) 要求与其他系统或不受本项目组控制的系统相连，导致无法预料的设计、实现和测试工作；

(5) 在不熟悉或未经检验的软件和硬件环境中运行所产生的未预料到的问题；

(6) 开发一种全新的模块将比预期花费更长的时间；

(7) 依赖正在开发中的技术将延长计划进度。

8. 设计和实现风险

(1) 设计质量低下，导致重复设计；

(2) 一些必要的功能无法使用现有的代码和库实现，开发人员必须使用新的库或者自行开发新的功能；

(3) 代码和库质量低下，导致需要进行额外的测试、修正错误或重新制作；

(4) 过高估计了增强型工具对计划进度的节省量；

(5) 分别开发的模块无法有效集成，需要重新设计或制作。

9. 过程风险

(1) 大量的纸面工作导致进程比预期的慢；

(2) 前期的质量保证行为不真实，导致后期的重复工作；

(3) 太不正规(缺乏对软件开发策略和标准的遵循)，导致沟通不足，质量欠佳，甚至需重新开发；

(4) 过于正规(教条地坚持软件开发策略和标准)，导致过多耗时于无用的工作；

(5) 向管理层撰写进程报告占用开发人员的时间比预期的多；

(6) 风险管理粗心，导致未能发现重大的项目风险。

6.4.4 软件风险管理模型

1. Boehm 模型

Boehm 用公式 RE=P(UO)×L(UO)对风险进行定义，其中 RE 表示风险或者风险所造成的影响，P(UO)表示令人不满意的结果所发生的概率，L(UO)表示糟糕的结果会产生的破坏性的程度。在风险管理步骤上，Boehm 基本沿袭了传统的项目风险管理理论，指出风险管理由风险评估和风险控制两大部分组成，风险评估又可分为识别、分析、设置优先级 3 个子步骤，风险控制则包括制定管理计划、解决和监督风险 3 步。

Boehm 思想的核心是 10 大风险因素列表，其中包括人员短缺、不合理的进度安排和预算、不断的需求变动等。针对每个风险因素，Boehm 都给出了一系列的风险管理策略。在实际操作时，以 10 大风险列表为依据，总结当前项目具体的风险因素，评估后进行计划和实施，在下一次定期召开的会议上再对这 10 大风险因素的解决情况进行总结，产生新的 10 大风险因素表，依此类推。

10 大风险列表的思想可以将管理层的注意力有效地集中在高风险、高权重、严重影响项目成功的关键因素上，而不需要考虑众多的低优先级的细节问题，具有一定的普遍性和实际性。

2. CRM 模型

SEI(Software Engineering Institution)作为世界上著名的旨在改善软件工程管理实践的组织，提出了持续风险管理模型 CRM(Continuous Risk Management)。SEI 的风险管理原则是：不断地评估可能造成恶劣后果的因素；决定最迫切需要处理的风险；实现控制风险的策略；评测并确保风险策略实施的有效性。

CRM 模型要求在项目生命周期的所有阶段都关注风险识别和管理，它将风险管理划分为 5 个步骤：风险识别、分析、计划、跟踪、控制。

3. Leavitt 模型

SEI 和 Boehm 的模型都以风险管理的过程为主体，研究每个步骤所需的参考信息及其操作。而 Aalborg 大学提出的思路则是以 Leavitt 模型为基础，着重从导致软件开发风险的不同角度出发探讨风险管理。

1964 年提出的 Leavitt 模型将形成各种系统的组织划分为 4 个有趣的组成部分：任务、结构、角色和技术。这 4 个组成部分和软件开发的各因素很好地对应起来：角色覆盖了所有的项目参与者，例如软件用户、项目经理和设计人员等；结构表示项目组织和其他制度上的安排；技术则包括开发工具、方法、硬件和软件平台；任务描述了项目的目标和预期结果。Leavitt 模型的关键思路是：模型的各个组成部分是密切相关的，一个组成部分的变化会影响其他的组成部分，如果一个组成部分的状态和其他的状态不一致，就会造成比较严重的后果，并可能降低整个系统的性能。

6.5　习　　题

一、选择题

1. 风险管理已经成为软件工程项目管理的一项重要内容，其主要活动包括(　　)。

A. 风险定义、风险估计、风险应对、风险控制

B. 风险识别、风险估计、风险应对、风险控制

C. 风险定义、风险分解、风险应对、风险控制

D. 风险识别、风险分解、风险应对、风险控制

2. 测试设计员的职责有(　　)。

A. 制订测试计划　　　　　　　　　　B. 设计测试用例

C. 设计测试过程、脚本　　　　　　　D. 评估测试活动

3. GB/T 9386 计算机软件测试文件编辑指南详细描述了计算机软件测试文件应该包含的内容及编写格式，并规定将测试文件分为(　　)两类。

A. 测试计划和测试过程细则　　　　　B. 测试计划和测试分析报告

C. 测试过程定义和测试分析报告　　　D. 测试数据和测试分析报告

4. 软件测试是软件质量保证的重要手段，下列哪个(些)是软件测试的任务？(　　)

Ⅰ预防软件发生错误　　　Ⅱ　发现改正程序错误　　　　Ⅲ 提供诊断错误信息

A. 只有Ⅰ　　　　B. 只有Ⅱ　　　　C. 只有Ⅲ　　　　D. 都是

5. 软件测试是软件质量保证的主要手段之一，测试的费用已超过(　　)的 30%以上。

A. 软件开发费用　　　　　　　　　　B. 软件维护费用

C. 软件开发和维护费用　　　　　　　D. 软件研制费用

6. 软件质量在软件测试中被定义为(　　)。

A. 正确程度　　　　　　　　　　　　B. 适于使用或符合要求

C. 人们对软件需求的程度　　　　　　D. 软件的用途和适用范围

7. 软件质量管理应由质量保证和质量控制组成，下面的选项属于质量控制的是(　　)。

A. 测试　　　　　　　　B. 跟踪　　　　　　　　C. 监督

D. 制订计划　　　　　　E. 需求审查　　　　　　F. 程序代码审查

8. 进行软件质量管理的重要性有(　　)。

A. 维护降低成本　　　　B. 法律上的要求　　　C. 市场竞争的需要

D. 质量标准化的趋势　　E. 软件工程的需要　　　F. CMM 过程的一部分

G. 方便与客户进一步沟通，为后期的实施打好基础

9. 测试设计员的职责有：(　　)。

A. 制订测试计划　　　　　　　　　　B. 设计测试用例

C. 设计测试过程、脚本　　　　　　　D. 评估测试活动

10. 软件测试计划评审会需要哪些人员参加？（ ）

A. 项目经理　　　B. SQA 负责人　　　　C. 配置负责人　　　　D. 测试组

二、简答题

1. 简述软件测试管理的内容。

2. 软件测试人员就是 QA 吗？

3. 测试团队由哪些角色构成？这些角色的作用分别是什么？

第二部分　测试实践

第7章　测试自动化与测试工具

本章首先介绍手工测试的局限性，就此给出软件自动化测试的基本概念、自动测试发展历程。接下来重点介绍自动化测试的分类，讲解测试成熟度模型，给出自动化测试的相关原理。最后介绍测试工具的相关知识。

7.1　自动化测试概述

随着计算机日益广泛的应用，软件变得越来越庞大，越来越复杂，软件测试的工作量也随之增大。因此，原先由手工逐个执行的测试过程被测试工具代替，包括输入数据自动生成、结果验证、自动发送测试报告等。自动化测试通过测试工具实现，具有良好的可操作性、可重复性、高效性等。

7.1.1　手工测试局限性

手工测试具有如下一些局限性：

(1) 通过手工测试无法做到覆盖所有代码路径。

(2) 许多与时序、死锁、资源冲突、多线程等有关的错误通过手工测试很难捕捉到。

(3) 在系统负载、性能测试时，需要模拟大量数据或大量并发用户等各种应用场合，此时很难通过手工测试进行。

(4) 在进行系统可靠性测试时，需要模拟系统运行十年、几十年，以验证系统能否稳定运行，手工测试无法模拟。

(5) 回归测试中，短时间内需要大量(几千)的测试用例，需要在短时间内完成，手工测试无法保证。

手工测试与自动化测试的对比如表 7.1 所示。

表 7.1　手工测试与自动化测试的对比

手工测试	自动化测试
效率低、耗费时间	效率高
耗费人力	覆盖率高
低可靠性	可靠性高
不一致性	可重复性利用
仅对一次性的测试有益	重复测试，节省时间
对测试人员要求低	对测试人员要求高

7.1.2　分层自动化测试

　　根据分层自动化测试的思想，上层为 UI 层，比较主流的是 QTP、Robot Framework、watir、selenium 等。底层为单元测试，关注代码的实现逻辑，一般使用单元测试框架，如 Java 的 Junit，C#的 NUnit，Python 的 unittest、pytest 等。接口测试刚好处于中间层，接口测试关注的是函数、类(方法)所提供的接口是否可靠。分层自动化测试示意图如图 7.1 所示。

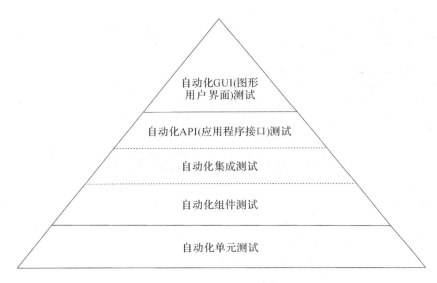

图 7.1　分层自动化测试示意图

7.1.3　自动化测试引入

　　自动化测试不能完全代替手工测试，也有如下局限性：
　　(1) 测试用例的设计：测试人员的经验和对错误的猜测能力是工具不可替代的。
　　(2) 界面和用户体验测试：审美观和心理体验是不可替代的。
　　(3) 正确性检查：对是否的判断、逻辑推理能力是工具不可替代的。
　　(4) 手工测试比自动化测试发现的缺陷更多。
　　(5) 不能用于测试周期很短的项目。
　　(6) 不能保证 100%的测试覆盖率。
　　(7) 不能测试不稳定的软件。
　　(8) 不能测试软件易用性。

7.1.4　测试流程

　　自动化测试工具执行的步骤包括制订测试计划、创建测试脚本、增强测试脚本、执行测试脚本和测试结果分析，如图 7.2 所示。

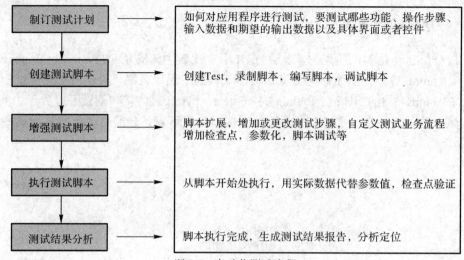

图 7.2　自动化测试流程

7.2　自动化测试发展历程

自动化测试发展大致经历了四个阶段，如图 7.3 所示。

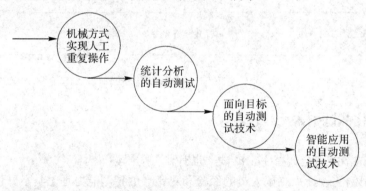

图 7.3　自动化测试发展阶段

7.2.1　机械方式

自动化测试主要研究如何采用自动方法来实现和替代人工测试中的繁琐和机械重复的工作。通过人工设计测试数据，对程序进行动态执行检测，脚本驱动自动执行。此时的自动测试活动只是软件测试过程的偶然行为，可在一定程度上提高效率，简化测试人员工作，但对整体的测试过程并无太大改进。

7.2.2　统计分析

只有自动测试结果具有可靠性，其使用才具有实际的意义。针对不同的测试准则和测试策略，指导测试的自动化过程以及对测试的结果进行评估。

7.2.3　面向目标

软件测试并不是机械和随机地发现错误，而是带有很强的目的性。进化计算和人工智能等技术，以及各种高性能的算法被引入自动测试技术。

7.2.4　智能应用

能力成熟度模型引入软件工程，测试业界产生对应的测试成熟度模型。不同的自动测试等级成为测试优劣的一个衡量依据。

7.3　自动化测试分类

自动化测试包括功能自动化测试、安全测试、性能测试、单元测试以及数据库测试，如图 7.4 所示。

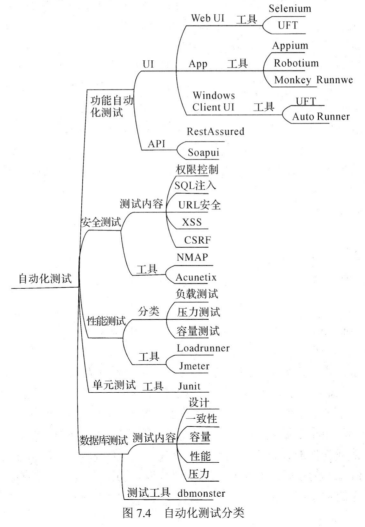

图 7.4　自动化测试分类

7.3.1　功能自动化测试

功能自动化测试包括 UI 测试和 API 测试。其中，UI 测试就是用户界面测试，用于测试用户界面的功能模块的布局是否合理，整体风格是否一致，各个控件的放置位置是否符合客户使用习惯，是否符合操作便捷的要求(此点很重要)，导航是否简单易懂，界面中文字是否正确，命名是否统一，页面是否美观，文字、图片组合是否完美等。

针对 Web，测试工具有 UFT(原先的 QTP)、Selenium 等。针对手机 App，测试工具有 Appium 等。针对 Client，测试工具有 AutoRunner 等。

API 测试是指接口测试，一般分为程序内部接口测试和系统对外接口测试，通常使用的测试工具为 SoapUI 等。

7.3.2　安全测试

安全测试是测试系统在应对非授权的内部/外部访问、非法侵入或故意的损坏时的系统防护能力，检验系统是否有能力将可能存在的内部/外部的伤害或损害的风险限制在可接受的水平内。可靠性通常包括安全性，但是软件的可靠性不能完全取代软件的安全性，安全性还涉及数据加密、保密、存取权限等多个方面。

安全测试时需要设计一些测试用例试图突破系统的安全保密措施，检验系统是否有安全保密漏洞，验证系统的保护机制是否能够在实际中不受到非法的侵入。安全性测试采用建立整体的威胁模型，测试溢出漏洞、信息泄漏、错误处理、SQL 注入、身份验证和授权错误、XSS 攻击。在安全测试过程中，测试者扮演成试图攻击系统的角色设计测试用例。例如，① 尝试截取、破译、获取系统密码；② 让系统失效、瘫痪，将系统制服，使他人无法访问，自己非法进入；③ 试图浏览安全保密的数据，检验系统是否存在安全保密的漏洞。

用于安全测试的软件工具有 NMAP 和 Acunetix。

7.3.3　性能测试

性能测试分为负载测试、压力测试等。

1. 负载测试

负载测试(Load Testing)是通过测试系统在资源超负荷情况下的表现，以发现设计上的错误或验证系统的负载能力。在这种测试中，将使测试对象承担不同的工作量，以评测和评估测试对象在不同工作量条件下的性能行为，以及持续正常运行的能力。负载测试的目标是确定并确保系统在超出最大预期工作量的情况下仍能正常运行。此外，负载测试还要评估性能特征，例如响应时间、事务处理速率和其他与时间相关的方面。负载测试是模拟实际软件系统所承受的负载条件的系统负荷，通过不断加载(如大量重复的行为、逐渐增加模拟用户的数量)或其他加载方式来观察不同负载下系统的响应时间和数据吞吐量、系统占用的资源(如 CPU、内存)等，以检验系统的行为和特性并发现系统可能存在的性能瓶颈、内存泄漏、不能实时同步等问题。

负载测试的加载方式，通常有如下几种。

1) 一次性加载

一次性加载某个数量的用户，在预定的时间段内持续运行。例如，早晨上班的时间，访问网站或登录网站的时间非常集中，基本属于扁平负载模式。

2) 递增加载

有规律地逐渐增加用户，每几秒增加一些新用户，交错上升。借助这种负载方式的测试，容易发现性能的拐点，即性能瓶颈。

3) 高低突变加载

某个时间用户数量很大，突然降到很低，过一段时间，又突然加到很高，反复几次。借助这种负载方式的测试，容易发现资源释放、内存泄漏等问题。

4) 随机加载方式

由随机算法自动生成某个数量范围内变化的、动态的负载，这种方式可能是和实际情况最为接近的一种负载方式。虽然不容易模拟系统运行出现的瞬时高峰期，但可以模拟系统长时间的高位运行过程的状态。

2. 压力测试

压力测试，又称强度测试，是在异常数量、频率或资源的情况下，重复执行测试，以检查程序对异常情况的抵抗能力，发现性能下降的拐点，从而获得系统能提供的最大服务级别的测试。异常情况主要指那些峰值、极限值、大量数据的长时间处理等，包括：

(1) 连接或模拟了最大(实际或实际允许)数量的客户机；

(2) 所有客户机在长时间内执行相同的、性能可能最不稳定的重要业务功能；

(3) 已达到最大的数据库大小，而且同时执行多个查询或报表事务；

(4) 当中断的正常频率为每秒一至两个时，运行每秒产生 10 个中断的测试用例；

(5) 运行可能导致虚存操作系统崩溃或大量数据对磁盘进行存取操作的测试用例等。

压力测试可以分为稳定性测试和破坏性测试。

1) 稳定性压力测试

在选定的压力值下，持续运行 74 小时以上的测试称为稳定性压力测试。通过压力测试，可以考察各项性能指标是否在指定范围内，有无内存泄漏、有无功能性故障等。

2) 破坏性压力测试

在压力稳定性测试中可能会出现一些问题，如系统性能明显降低，但很难暴露出其真实的原因。通过破坏性不断加压的手段，往往能快速造成系统的崩溃或让问题明显地暴露出来，这种测试称为破坏性压力测试。

7.3.4　单元测试

单元测试是最低级别的测试活动，测试对象是软件设计的最小单位。例如，针对面向过程语言 C 语言，单元测试的对象一般是函数或子过程；针对面向对象的语言 Python、Java 等，单元测试的对象就是类、对象、类的成员函数。单元测试工具一般是针对代码进行测试，测试中发现的缺陷可以定位到代码级，根据测试工具原理的不同，又可以分为静态测试工具和动态测试工具。

静态测试工具直接对代码进行分析，不需要运行代码，也不需要对代码编译链接，生成可执行文件。静态测试工具一般是对代码进行语法扫描，找出不符合编码规范的地方，根据某种质量模型评价代码的质量，生成系统的调用关系图等。静态测试工具的代表有：Telelogic 公司的 Logiscope 软件、PR 公司的 PRQA 软件。动态测试工具一般采用"插桩"的方式，向代码生成的可执行文件中插入一些监测代码，用来统计程序运行时的数据。其与静态测试工具最大的不同就是动态测试工具要求被测系统实际运行。动态测试工具的代表有：Compuware 公司的 DevPartner 软件、Rational 公司的 Purify 系列等。

最经典的单元测试工具是 Junit，针对 Java 语言进行测试，开发者需要遵循 JUnit 的框架编写测试代码。由于 JUnit 相对独立于所编写的代码，因此测试代码可以先于实现代码进行编写，符合极限编程的测试优先设计的理念。针对 Python 语言的单元测试工具是 unittest 等。

7.3.5　数据库测试

数据库测试有两种。一种是数据的一致性测试，用于测试数据在数据库中的类型、长度、索引等是否设计合理；另一种是数据库容量测试，即当处理大量的数据时，为确保没有达到将使软件发生故障的极限，以及在给定时间内能够持续处理的最大负载或工作量而进行的数据库容量的测试。

用于数据库测试的软件工具有 dbmonster。

7.4　测试成熟度模型

测试成熟度模型(Testing Capability Maturity Model，TMM)受 CMM 模型启发产生，主要关注测试成熟度模型。CMM 没有充分的定义测试，没有提及测试成熟度，没有对测试过程改进进行充分说明，在 KPA 中没有定义测试问题，没有定义与质量相关的测试问题，如可测性、充分测试标准、测试计划等方面也没有阐述。

TMM 描述了测试过程，使得项目测试部分得到良好计划和控制的基础。TMM 测试成熟度分解为 5 个级别：初始级、定义级、集成级、管理和测量级以及优化与预防缺陷和质量控制级。

7.4.1　初始级

TMM 初始级软件测试过程的特点是测试过程无序，有时甚至是混乱的，几乎没有妥善定义的。初始级中软件的测试与调试常常被混为一谈，软件开发过程中缺乏测试资源、工具以及训练有素的测试人员。初始级的软件测试过程没有定义成熟度目标。

7.4.2　定义级

TMM 的定义级中，测试已具备基本的测试技术和方法，软件的测试与调试已经明确地被区分开。这时，测试被定义为软件生命周期中的一个阶段，它紧随在编码阶段之后，测试计划往往在编码之后才得以制订，这显然有悖于软件工程的要求。

TMM 的定义级中需实现 3 个成熟度目标：制订测试与调试目标，启动测试计划过程，制度化基本的测试技术和方法。

1. 制订测试与调试目标

软件组织必须区分软件开发的测试过程与调试过程，识别各自的目标、任务和活动。正确区分这两个过程是提高软件组织测试能力的基础。与调试工作不同，测试工作是一种有计划的活动，可以进行管理和控制。这种管理和控制活动需要制订相应的策略和政策，以确定和协调这两个过程。

制订测试与调试目标包含 5 个子成熟度目标：

(1) 分别形成测试组织和调试组织，并有经费支持。

(2) 规划并记录测试目标。

(3) 规划并记录调试目标。

(4) 将测试和调试目标形成文档，并分发至项目涉及的所有管理人员和开发人员。

(5) 将测试目标反映在测试计划中。

2. 启动测试计划过程

测试计划作为过程可重复、可定义和可管理的基础，包括测试目的、风险分析、测试策略以及测试设计规格说明和测试用例。此外，测试计划还应说明如何分配测试资源，如何划分单元测试、集成测试、系统测试和验收测试。启动测试计划过程包含 5 个子目标：

(1) 建立组织内的测试计划组织并予以经费支持。

(2) 建立组织内的测试计划政策框架并予以管理上的支持。

(3) 开发测试计划模板并分发至项目的管理者和开发者。

(4) 建立一种机制，使用户需求成为测试计划的依据之一。

(5) 评价、推荐和获得基本的计划工具并从管理上支持工具的使用。

3. 制度化基本的测试技术和方法

改进测试过程能力，组织应用基本的测试技术和方法，并说明何时和怎样使用这些技术、方法和支持工具，基本测试技术和方法制度化有如下两个子目标：

(1) 在组织范围内成立测试技术组，研究、评价和推荐基本的测试技术和测试方法，推荐支持这些技术与方法的基本工具。

(2) 制订管理方针以保证在全组织范围内一致使用所推荐的技术和方法。

7.4.3　集成级

TMM 的集成级中，测试不再是编码阶段之后的阶段，已被扩展成与软件生命周期融为一体的一组活动。测试活动遵循 V 字模型。测试人员在需求分析阶段便开始着手制订测试计划，根据用户需求建立测试目标和设计测试用例。软件测试组织提供测试技术培训，测试工具支持关键测试活动。但是，集成级没有正式的评审程序，没有建立质量过程和产品属性的测试度量。

集成级要实现如下 4 个成熟度目标：建立软件测试组织、制订技术培训计划、软件生命周期测试以及控制和监视测试过程。

1. 建立软件测试组织

软件测试过程对软件产品质量有直接影响。由于测试往往是在时间紧、压力大的情况下完成一系列复杂活动，测试组完成与测试有关的活动，包括制订测试计划，实施测试执行，记录测试结果，制订与测试有关的标准和测试度量，建立测试数据库，测试重用，测试跟踪以及测试评价等。

建立软件测试组织要实现 4 个子目标：

(1) 建立全组织范围内的测试组，并得到上级管理层的领导和各方面的支持，包括经费支持。

(2) 定义测试组的作用和职责。

(3) 由训练有素的人员组成测试组。

(4) 建立与用户或客户的联系，收集他们对测试的需求和建议。

2. 制订技术培训计划

为高效率地完成好测试工作，测试人员必须经过适当的培训。

制订技术培训计划有 3 个子目标：

(1) 制订组织的培训计划，并在管理上提供包括经费在内的支持。

(2) 制订培训目标和具体的培训计划。

(3) 成立培训组，配备相应的工具、设备和教材。

3. 软件生命周期测试

提高测试成熟度和改善软件产品质量都要求将测试工作与软件生命周期中的各个阶段联系起来。该目标有 4 个子目标：

(1) 将测试阶段划分为子阶段，并与软件生命周期的各阶段相联系。

(2) 基于已定义的测试子阶段，采用软件生命周期 V 字模型。

(3) 制订与测试相关的工作产品的标准。

(4) 建立测试人员与开发人员共同工作的机制。这种机制有利于促进将测试活动集成于软件生命周期中。

4. 控制和监视测试过程

软件组织采取的措施有：制订测试产品的标准，制订与测试相关的偶发事件的处理预案，确定测试里程碑，确定评估测试效率的度量，建立测试日志等。控制和监视测试过程有 3 个子目标：

(1) 制订控制和监视测试过程的机制和政策。

(2) 定义、记录并分配一组与测试过程相关的基本测量。

(3) 开发、记录并文档化一组纠偏措施和偶发事件处理预案，以备实际测试严重偏离计划时使用。

在 TMM 的定义级，测试过程中引入计划能力。在 TMM 的集成级，测试过程引入控制和监视活动。两者均为测试过程提供了可见性，为测试过程持续进行提供保证。

7.4.4　管理和测量级

TMM 的管理和测量级中，测试活动包括软件生命周期中各个阶段的评审、审查和追查，使得测试活动涵盖软件验证和确认活动。因为测试是可以量化并度量的过程，所以根据管理和测量级要求，与软件测试相关的活动，如测试计划、测试设计和测试步骤都要经过评审。为了测量测试过程，需要建立测试数据库，用于收集和记录测试用例，记录缺陷并按缺陷的严重程度划分等级。此外，所建立的测试规程应能够支持软件组对测试过程的控制和测量。

管理和测量级有 3 个要实现的成熟度目标：建立组织范围内的评审程序、建立测试过程的测量程序和软件质量评价。

1. 建立组织范围内的评审程序

软件组织应在软件生命周期的各阶段实施评审，以便尽早有效地识别、分类和消除软件中的缺陷。建立评审程序有 4 个子目标：

(1) 管理层要制订评审政策以支持评审过程。

(2) 测试组和软件质量保证组要确定并文档化整个软件生命周期中的评审目标、评审计划、评审步骤以及评审记录机制。

(3) 评审项由上层组织指定。通过培训参加评审的人员，使他们理解和遵循相关的评审政策、评审步骤。

2. 建立测试过程的测量程序

测试过程的测量程序是评价测试过程质量，改进测试过程的基础，对监视和控制测试过程至关重要。测量包括测试进展、测试费用、软件错误、缺陷数据以及产品测量等。建立测试测量程序有 3 个子目标：

(1) 定义组织范围内的测试过程测量政策和目标。

(2) 制订测试过程测量计划。测量计划中应给出收集、分析和应用测量数据的方法。

(3) 应用测量结果制订测试过程改进计划。

3. 软件质量评价

软件质量评价内容包括定义可测量的软件质量属性，定义评价软件工作产品的质量目标等工作。软件质量评价有两个子目标：

(1) 管理层、测试组和软件质量保证组要制订与质量有关的政策、质量目标和软件产品质量属性。

(2) 测试过程应是结构化、已测量和已评价的，以保证达到质量目标。

7.4.5　优化与预防缺陷和质量控制级

本级的测试过程是可重复、可定义、可管理的，因此软件组织优化调整和持续改进测试过程。测试过程的管理为持续改进产品质量和过程质量提供指导，并提供必要的基础设施。

优化与预防缺陷和质量控制级有 3 个要实现的成熟度目标：

(1) 应用过程数据预防缺陷，此时的软件组织能够记录软件缺陷，分析缺陷模式，识别错误根源，制订防止缺陷再次发生的计划，提供跟踪这种活动的办法，并将这些活动贯穿于全组织的各个项目中。应用过程数据预防缺陷的成熟度子目标如下：

① 成立缺陷预防组。

② 识别和记录在软件生命周期各阶段引入的软件缺陷和消除的缺陷。

③ 建立缺陷原因分析机制，确定缺陷原因。

④ 管理、开发和测试人员互相配合制订缺陷预防计划，防止已识别的缺陷再次发生。缺陷预防计划要具有可跟踪性。

(2) 质量控制在本级，软件组织通过采用统计采样技术，测量组织的自信度，测量用户对组织的信赖度以及设定软件可靠性目标来推进测试过程。为了加强软件质量控制，测试组和质量保证组要有负责质量的人员参加，他们应掌握能减少软件缺陷和改进软件质量的技术和工具。支持统计质量控制的子目标如下：

① 软件测试组和软件质量保证组建立软件产品的质量目标，如产品的缺陷密度、组织的自信度以及可信赖度等。

② 测试管理者要将这些质量目标纳入测试计划中。

③ 培训测试组学习和使用统计学方法。

④ 收集用户需求以建立使用模型。

(3) 优化测试过程在测试成熟度的最高级，以能够量化测试过程。这样就可以依据量化结果来调整测试过程，不断提高测试过程能力，并且软件组织具有支持这种能力持续增长的基础设施。基础设施包括政策、标准、培训、设备、工具以及组织结构等。优化测试过程包含：

① 识别需要改进的测试活动。

② 实施改进。

③ 跟踪改进进程。

④ 不断评估所采用的与测试相关的新工具和新方法。

⑤ 支持技术更新。

测试过程优化所需子成熟度目标包括：

① 建立测试过程改进组，监视测试过程并识别其需要改进的部分。

② 建立适当的机制以评估改进测试过程能力和测试成熟度的新工具和新技术。

③ 持续评估测试过程的有效性，确定测试终止准则。终止测试的准则要与质量目标相联系。

总之，TMM 的五个阶段总结如下：

第一阶段：测试和调试没有区别，除了支持调试外，测试没有其他目的。

第二阶段：测试的目的是表明软件能够工作。

第三阶段：测试的目的是表明软件能够正常工作。

第四阶段：测试的目的不是要证明什么，而是为了把软件不能正常工作的预知风险降低到能够接受的程度。

第五阶段：测试成为了自觉的约束，不用太多的测试投入就能产生低风险的软件。

综上所述，表 7.2 给出了测试成熟度模型的基本描述。

表 7.2　测试成熟度模型的基本描述

级别	简单描述	特征	目标
初始级	测试处于一个混乱的状态，缺乏成熟的测试目标，测试处于可有可无的地位	还不能把测试同调试分开；编码完成后才进行测试工作；测试的目的是表明程序没有错；缺乏相应的测试资源	—
定义级	测试目标是验证软件是否符合需求，会采用基本的测试技术和方法	测试被看作是有计划的活动；测试同调试分开；在编码完成后才进行测试工作	启动测试计划过程；将基本的测试技术和方法制度化
集成级	测试不再是编码后的一个阶段，而是贯穿在整个软件生命周期中，测试建立在满足用户或客户的需求上	具有独立的测试部门；根据用户需求设计测试用例；有测试工具辅助进行测试工作；没有建立起有效的评审制度；没有建立起质量控制和质量度量标准	建立软件测试组织；制订技术培训计划；测试在整个生命周期内进行；控制和监视测试过程
管理和度量级	测试是一个度量和质量的控制过程。在软件生命周期中评审被作为测试和软件质量控制的一部分	进行可靠性、可用性和可维护性等方面的测试；采用数据库来管理测试用例；具有缺陷管理系统并划分缺陷的级别；还没有建立起缺陷预防机制，缺乏自动对测试中产生的数据进行收集和分析的手段	实施软件生命周期中各阶段评审；建立测试数据库并记录、收集有关测试数据；建立组织范围内的评审程序；建立测试过程的度量方法和程序；进行软件质量评价
优化级	具有缺陷预防和质量控制的能力，已经建立起测试规范和流程，并不断地进行测试改进	运用缺陷预防和质量控制措施；选择和评估测试工具存在一个既定的流程；测试自动化程度高；自动收集缺陷信息；有常规的缺陷分析机制	应用过程数据预防缺陷，统计质量控制，建立软件产品的质量目标，持续改进、优化测试过程

7.5　自动化测试原理

自动化测试模拟人工对计算机的操作过程、操作行为，采用类似于编译系统对程序代码进行检查。自动化测试原理是：代码的静态和动态分析、测试过程的捕获和回放、测试脚本技术和虚拟用户技术。

7.5.1　代码分析

代码分析是白盒测试的自动化方法，类似于高级编译系统，一般针对高级语言构造分析工具，定义类、对象、函数、变量等定义规则、语法规则，对代码进行语法扫描，找出不符合编码规范的地方，根据某种质量模型评价代码质量，生成系统的调用关系图等。

7.5.2　录制回放

目前的自动化负载测试解决方案几乎都是采用"录制-回放"的技术。录制是识别用户界面的元素以及捕获键盘、鼠标的输入，将用户每一步操作过程，如用户界面的对象(如窗口、按钮、滚动条等)状态或属性，用脚本语言记录；然后将实际输出记录和预先给定的预期结果进行自动对比分析，确定是否存在差异。

"录制-回放"的步骤如下：

(1) 先由手工完成一遍操作流程。

(2) 由计算机记录过程中客户端和服务器端的通信信息，包括协议和数据。

(3) 形成特定的脚本程序。

(4) 在系统的统一管理下，生成多个虚拟用户，运行该脚本，监控硬件和软件平台的性能，提供分析报告或相关资料。

7.5.3　脚本技术

脚本是一组测试工具执行的指令集合，也是计算机程序的另一种表现形式。脚本语言至少具有如下的功能：

(1) 支持多种常用的变量和数据类型。

(2) 支持各种条件逻辑、循环结构。

(3) 支持函数的创建和调用。

脚本有两种，一种是手动编写或嵌入源代码；一种是通过测试工具提供的录制功能，运行程序自动录制生成脚本。由于录制生成脚本简单且智能化，容易操作，但仅靠自动录制脚本，无法满足用户复杂要求，需要手工添加函数进行参数设置，增强脚本的实用性。

手工编写脚本具有如下优点：

(1) 可读性好，流程清晰，检查点截取含义明确。业务级的代码比协议级代码容易理解，也更容易维护，而录制生成的代码大多没有维护的价值。

(2) 手写脚本比录制脚本更真实地模拟应用。录制脚本截获了网络包，生成协议级的代码，却往往忽略客户端的处理逻辑，不能真实模拟应用程序的运行。

(3) 手写脚本比录制脚本更能提高测试人员的技术水平。测试工具提供如 Java、Python、VB、C 等高级程序设计语言的脚本，允许用户根据不同测试要求定义开发各种语言类型的测试脚本。

脚本测试的开发流程如下：

(1) 根据测试设计文档确定自动测试范围。使用捕获/回放工具生成初始的测试脚本。

(2) 对生成的脚本进行修改，得到正确的、可复用的、可维护性好的脚本。

(3) 执行修改后的脚本，获得实际的运行效果。

(4) 对观察到的运行结果进行分析和比较，报告发现的缺陷；评价本次运行结果，分析存在的问题和不足，提出下一步的改进方案。

(5) 重复前面的步骤，进行回归测试和其他测试。根据需要，可能从步骤(1)开始重复执行，也可能从后面各步开始重复执行。

脚本测试的开发流程如图 7.5 所示。

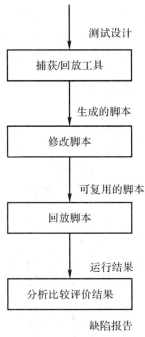

图 7.5 脚本测试的开发流程

7.5.4 虚拟用户技术

虚拟用户技术通过模拟真实用户行为对被测程序(Application Under Test，AUT)施加负载，测量 AUT 的性能指标值，如事务的响应时间、服务器吞吐量等。虚拟用户技术以真实用户的"商务处理"(用户为完成一个商业业务而执行的一系列操作)作为负载的基本组成单位，用"虚拟用户"(模拟用户行为的测试脚本)模拟真实用户。

负载需求(例如并发虚拟用户数、处理的执行频率等)通过人工收集和分析系统使用信息来获得。负载测试工具模拟成千上万个虚拟用户同时访问 AUT，来自不同 IP 地址、不同浏览器类型以及不同网络连接方式的请求，并实时监视系统性能，帮助测试人员分析测试结果。虚拟用户技术具有成熟测试工具支持，但确定负载的信息要依靠人工收集，准确性不高。

7.6 自动化测试模型

根据脚本类型不同以及自动化执行方式的不同，自动化测试模型包括线性测试、模块化测试、共享测试、数据驱动测试和关键字驱动测试。

7.6.1　线性测试

通过录制或编写对应应用程序的操作步骤，产生线性脚本，单纯地来模拟用户完整的操作场景。线性脚本适用于演示、培训或执行较少且环境变化小的测试、数据转换的操作功能，具有每个脚本相对独立，且不产生其他依赖和调用的优点。但是，其开发成本高，过程较烦琐，过多依赖于每次捕获内容，测试输入和比较"捆绑"在脚本中，不能共享或重用脚本，容易受软件变化的影响。另外，线性脚本修改代价大，维护成本高，容易受意外事件影响，从而导致整个测试失败。

7.6.2　模块化测试

模块化测试采用结构化脚本，结构化脚本类似于结构化程序设计，具有各种逻辑结构，包含顺序、循环、分支等结构，以及函数调用功能。结构化脚本具有可重用性、健壮性，通过循环和调用减少工作量，从而提高了测试用例的可维护性。但是，由于测试数据不同，即使模块化的步骤相同，也依旧要重复编写登录脚本。

7.6.3　共享测试

共享测试采用共享脚本，侧重描述脚本中共享的特性。脚本可以被多个测试用例使用，一个脚本可以被另一个脚本调用。当重复任务发生变化时，只需修改一个脚本，便可达到脚本共享的目的。

共享脚本的优点是：以较少的开销实现类似的测试，维护共享脚本的开销低于线性脚本。但是，共享脚本需要跟踪更多的脚本，给配置管理带来一定困难，并且对于每个测试用例仍然需要特定的测试脚本。

7.6.4　数据驱动测试

数据驱动测试将测试脚本和操作分离，数据存放在独立的数据文件(数据库)中，而不是绑定在脚本中。执行时是从数据文件中读数据，使得同一个脚本执行不同的测试，只需对数据进行修改，不必修改执行脚本。通过一个测试脚本指定不同的测试数据文件，实现较多的测试用例，将数据文件单独列出，选择合适的数据格式和形式，达到简化数据、减少出错的目的。但是，数据驱动脚本初始建立开销较大，需要专业人员支持。

7.6.5　关键字驱动测试

关键字驱动作为比较复杂的数据驱动技术的逻辑扩展，是将数据文件变成测试用例的描述，用一系列关键字指定要执行的任务。关键字驱动技术假设测试者具有被测系统知识和技术，不必告知测试者如何进行详细动作，以及测试用例如何执行，只说明测试用例即可。关键字驱动脚本多使用说明性方法和描述性方法。

7.7　测试工具

软件测试工具可分为静态测试工具和动态测试工具。

7.7.1　静态测试工具

静态测试工具是在不执行程序的情况下，分析软件的特性。静态分析主要集中在需求文档、设计文档以及程序结构上，具有功能：代码审查(Code Auditing)、一致性检查(Consistency Checking)、错误检查(Error Checking)、输入/输出规格说明分析(I / O Specification Analysis)、数据流分析(Data Flow Analysis)、类型分析(Type Analysis)、单元分析(Unit Analysis)等。

(1) 代码审查：用于了解代码相关性，跟踪程序逻辑，观看程序的图形表达，确认死代码，确定需要特别关照的域，检查源程序是否遵循了程序设计规则等。

(2) 一致性检查：检测程序的各单元是否使用了统一的语法或术语，这类工具通常用以检查是否遵循了设计规格说明书。

(3) 错误检查：用以确定差异和分析错误严重性和原因。

(4) 输入/输出规格说明分析：通过分析输入/输出规格说明生成测试输入数据。

(5) 数据流分析：检测数据的赋值与引用之间是否出现了不合理的现象，如引用未赋值的变量，对以前未曾引用变量的再次赋值等数据流异常现象。

(6) 类型分析：检测命名的数据项和操作是否得到了正确的使用。

(7) 单元分析：检测单元或构成实体的物理元件是否定义正确和使用一致。

7.7.2　动态测试工具

动态测试工具与静态测试工具不同，动态测试工具直接执行被测程序，用于功能确认与接口测试、性能分析、覆盖率分析、内存分析等。

(1) 功能确认与接口测试：这部分的测试包括对各个模块功能、模块间的接口、局部数据结构、主要的执行路径、错误处理等进行测试。

(2) 性能分析：应用程序的性能问题得不到解决，将极大地降低并影响应用程序的质量，于是查找和修改性能瓶颈已成为改善整个系统性能的关键。

(3) 覆盖率分析：覆盖率分析工具大量用于单元测试中，对所涉及的程序结构元素进行度量，以确定测试运行的充分性，用于告知被测试程序中哪些部分已被测试过，哪些部分还没有被覆盖到，需要进一步的测试，还可以度量设计层次结构，如调用树结构的覆盖率。

(4) 内存分析：通过测量内存使用情况，可以了解程序内存分配的真实情况，发现对内存的不正常使用，在问题出现前发现征兆，在系统崩溃前发现内存泄漏错误，通过发现内存分配错误，找出发生故障的原因。

7.8 测试工具选择

当前市场上的测试工具很多，每个测试工具在不同环境有其各自的优点和缺点。如何选择最佳的测试工具，主要依赖于系统工程环境以及组织特定的其他需求和标准。因此，选择自动化测试工具应从以下方面考虑：

(1) 确定测试生命周期工具类型。确认测试工具与操作系统、编程语言环境和其他方面相兼容。

(2) 确定各种系统构架。必须确定应用程序在技术上的构架，其中包括整个组织或者项目使用的中间件、数据库、操作系统、开发语言、使用的第三方插件等。

(3) 确定被测试应用程序管理数据的方式。必须了解被测试应用程序管理数据的方式，确定自动测试工具如何支持对数据的验证。

(4) 确定测试类型。必须了解工具的测试类型，如用于回归测试、强度测试或者容量测试等测试的工具功能差距较大。

(5) 确定项目进度。测试工具是否影响测试进度，在进度时间表内，评审测试人员是否有足够的时间学习使用测试工具非常重要。

(6) 确定项目预算。

7.9 习　　题

一、选择题

1. 测试驱动开发的含义是(　　)。

A. 先写程序，后写测试的开发方法　　　B. 先写测试，后写程序，即"测试先行"

C. 用单元测试的方法写测试　　　　　　D. 不需要测试的开发

2. 以下不属于单元测试优点的一项是(　　)。

A. 它是一种验证行为　　　　　　　　　B. 它是一种设计行为

C. 它是一种编写文档的行为　　　　　　D. 它是一种评估行为

3. 从技术角度分，不是一类测试的是(　　)。

A. 黑盒测试　　　　　B. 白盒测试　　　　　C. 单元测试　　　　　D. 灰盒测试

4. JUnit 的特征，不正确的一项是(　　)。

A. 用于测试期望结果的断言

B. 用于共享共同测试数据的测试工具

C. 易于集成到测试人员的构建过程中，JUnit 和 Ant 的结合可以实施增量开发

D. JUuit 是收费的，不能做二次开发

5. JUnit 有两个模式：集成模式和(　　)。

A. 命令模式　　　　　B. 适配器模式　　　　C. 单例模式　　　D. 接口模式

6. 测试 6 的阶乘，断言方法是(　　)。

A．Assert.assertSame(720，jc.jieChen(6))

B．Assert.assertEquals(720，jc.jieChen(6))

C．Assert.assertNull(720，jc.jieChen(6))

D．Assert.assertTrue(720，jc.jieChen(6))

7. 创建一个基于 JUnit 的单元测试类，该类必须扩展(　　　)。

A．TestSuite　　　　　　B. Assert　　　　　　　　C. TestCase　　　　　　D. JFCTestCase

8. 以下对单元测试，不正确的说法是(　　　)。

A．单元测试的主要目的是针对编码过程中可能存在的各种错误

B．单元测试一般是由程序开发人员完成的

C．单元测试是一种不需要关注程序结构的测试

D．单元测试属于白盒测试的一种

9. 对于测试程序的一些命名规则，以下说法正确的一项是(　　　)。

A．测试类的命名只要符合 Java 类的命名规则就可以了

B．测试类的命名一般要求以 Test 打头，后接类名称，如 TestPerson

C．测试类的命名一般要求以 Test 结尾，前接类名称，如 PersonTest

D．测试类中的方法都是以 testXxx()形式出现的

10. 通常，初始化被测试对象会在测试类的(　　　)中进行。

A．tearDown( )　　　　　B. setUp( )　　　　　　　C. 构造方法　　　　D. 任意位置

二、简答题

1. 自动化测试的优点有哪些？

2. 录制和回放是指什么？

3. 软件测试工具如何进行分类？

4. 负载测试与压力测试有什么异同点？

5. 兼容性测试是什么？

第8章　性能测试工具 LoadRunner

实验目的:

(1) 理解 LoadRunner 的功能。

(2) 熟练掌握 LoadRunner 的操作步骤。

实验环境: LoadRunner 软件。

8.1　LoadRunner 相关术语

Mercury LoadRunner 是一种预测系统行为和性能的负载测试工具。通过模拟上千万用户实施并发负载及实时性能监测的方式来确认和查找问题,LoadRunner 能够对整个企业架构进行测试。通过使用 LoadRunner ,企业能最大限度地缩短测试时间,优化性能和加速应用系统的发布周期。

LoadRunner 相关术语如下:

(1) 虚拟用户生成器(VuGen):用于捕获最终用户业务流程和创建自动性能测试脚本。VuGen 通过录制应用程序中典型最终用户执行的操作来生成虚拟用户。VuGen 将这些操作录制到自动虚拟用户脚本中,以便作为负载测试的基础。

(2) 控制器(Controller):用于组织、驱动、管理和监控负载测试。Controller 是用来创建、管理和监控负载测试的中央控制台。使用 Controller 可以运行用来模拟真实用户执行的操作的脚本,并可以通过让多个虚拟用户同时执行这些操作来在系统中创建负载。

(3) 负载生成器(Generator):用于通过运行虚拟用户生成负载。

(4) Analysis:用于查看、分析和比较性能结果。Mercury Analysis 提供包含深入的性能分析信息的图和报告。使用这些图和报告,可以标识和确定应用程序中的瓶颈,并确定需要对系统进行哪些更改来提高系统性能。

(5) 场景:用于根据性能要求定义在每一个测试会话运行期间发生的事件。

(6) 虚拟用户(Vuser):在场景中,LoadRunner 用虚拟用户代替实际用户。Vuser 模拟实际用户的操作来使用应用程序。一个场景可以包含几十、几百甚至几千个 Vuser。

(7) 事务:是指服务器响应虚拟用户请求所用的时间。其特点有① 事务必须成对出现,即一个事务必须有开始(lr_start_transaction)和结束(lr_end_transaction);② 事务结束函数包括两个参数,第一个参数是事务的名称,第二个参数是事务的状态;③ 在应用事务的过程中,不要将思考时间(lr_think_time 函数)放在事务开始和事务结束之间,否则思考时间将被算入事务的执行时间，从而影响对事务的正确执行时间的分析和统计。

8.2 LoadRunner 测试流程

负载测试通常由五个步骤组成：计划、创建脚本、定义场景、运行场景和分析结果。

1. 计划

定义性能测试要求，例如并发用户的数量、典型业务流程和所需响应时间。在任何类型的测试中，测试计划都是必要的步骤。测试计划是进行成功的负载测试的关键。任何类型的测试的第一步都是制订比较详细的测试计划。一个比较好的测试计划能够保证 LoadRunner 完成负载测试的目标。

2. 创建脚本

LoadRunner 使用虚拟用户的活动来模拟真实用户操作 Web 应用程序，而虚拟用户的活动就包含在测试脚本中，开发测试脚本要使用 VuGen 组件。测试脚本要完成的内容有：

(1) 每一个虚拟用户的活动。

(2) 定义结合点。

(3) 定义事务。

3. 定义场景

使用 LoadRunner Controller 设置负载测试环境。

4. 运行场景

通过 LoadRunner Controller 驱动、管理和监控负载测试。

5. 分析结果

使用 LoadRunner Analysis 创建图和报告并评估性能。

8.3 项 目 实 践

LoadRunner 8.1 安装结束后，自带 Flight Reservation(预订航班)系统作为测试示例。预订航班系统是基于 Web 的旅行代理应用程序，并要确定多个用户同时执行相同的事务时，该应用程序将如何处理。使用 LoadRunner 代替旅行代理，创建 1000 个虚拟用户的场景，并且这些 Vuser 可以同时尝试在应用程序中预订航班。

LoadRunner 测试过程由以下四个基本步骤组成：

(1) 创建脚本：捕获在您的应用程序中执行的典型最终用户业务流程。

(2) 设计场景：通过定义测试会话期间发生的事件，设置负载测试环境。

(3) 运行场景：运行、管理并监控负载测试。

(4) 分析结果：分析负载测试期间 LoadRunner 生成的性能数据。

8.3.1　使用 VuGen 创建脚本

创建负载测试的第一步是使用 VuGen 录制典型最终用户的业务流程。VuGen 采用录制/回放机制。当在应用程序中按照业务流程操作时，VuGen 将这些操作录制到自动脚本中，以便作为负载测试的基础。

在本小节中，将为一位乘客录制旅行代理，帮助该乘客预订从丹佛到洛杉矶的航班的流程。

1. 准备录制

打开 VuGen 并创建一个空白脚本。

(1) 启动 LoadRunner。选择"开始"→"程序"→"Mercury LoadRunner"→"LoadRunner"，将打开"Mercury LoadRunner 8.1"窗口，如图 8.1 所示。

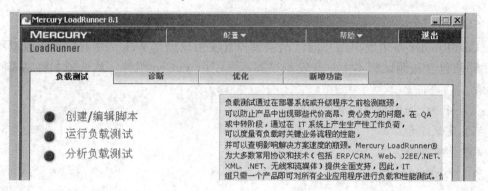

图 8.1　LoadRunner 开始界面

(2) 打开 VuGen。在"负载测试"选项卡中，单击"创建 / 编辑脚本"，将打开 VuGen 的起始页，如图 8.2 所示。

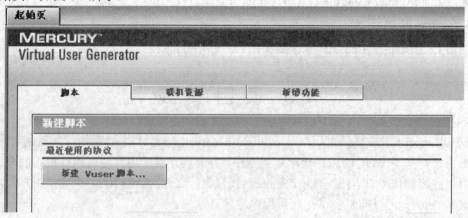

图 8.2　VuGen 界面

(3) 创建一个空白 Web 脚本。在 VuGen 的起始页中的"脚本"选项卡中，单击"新建 Vuser 脚本"，将打开"新建虚拟用户"对话框，并显示"新建单协议脚本"屏幕，如图 8.3 所示。

图 8.3　LoadRunner 新建虚拟用户界面

确保"类别"类型为"All Protocols"。 VuGen 将显示所有可用于单协议脚本的协议列表。向下滚动查看该列表，选择"Web (HTTP/HTML)"，单击"确定"按钮创建空白 Web 脚本。

2. 使用 VuGen 向导录制业务流程

空脚本以 VuGen 的向导模式打开，且任务窗格显示于左侧(如果未显示任务窗格，则请单击工具栏上的"任务"按钮)。VuGen 的向导将指导您逐步完成创建脚本，然后根据您的测试环境进行相应修改的过程。任务窗格列出了脚本创建过程中的每个步骤或任务。在逐步完成每一步操作的过程中，VuGen 会在窗口的主区域显示详细的说明和准则，如图 8.4 所示。

图 8.4　VuGen 界面

录制脚本过程如下：

(1) 在 Mercury Tours 网站上开始录制。在图 8.4 的任务窗格中，单击"录制应用程序"，单击说明窗格底部的"开始录制"，如图 8.5 所示。

图 8.5　VuGen 录制对话框

在"URL 地址"框中，键入 http://127.0.0.1:1080/WebTours/index.htm。在"录制到操作"框中，选择"操作"，单击"确定"按钮，将打开一个新的 Web 浏览器，并显示 Mercury Tours 站点(如果在打开站点时出现错误，则请确保 Web 服务器在运行。要启动服务器，请选择"开始"→"程序"→"Mercury LoadRunner"→"示例"→"Web"→"启动 Web 服务器")。将打开浮动的"录制"工具栏，如图 8.6 所示。

图 8.6　录制工具栏

(2) 登录到 Mercury Tours 网站。输入账号和密码，单击"登录"按钮，将打开欢迎页面。

(3) 输入航班详细信息。单击"航班"，将打开"查找航班"页，包括如下内容：

① 出发城市：丹佛(默认设置)。

② 出发日期：保持默认设置不变(当前日期)。

③ 到达城市：洛杉矶。

④ 返回日期：保持默认设置不变(第二天的日期)。

保持其余的默认设置不变，然后单击"继续"按钮，将打开"搜索结果"页。

(4) 选择航班。单击"继续"按钮，接受默认航班选择，将打开"付费详细信息"页。

(5) 输入付费信息并预订航班。单击"继续"按钮，将打开"发票"页，并显示您的发票。

(6) 查看路线。单击"路线"，将打开"路线"页。

(7) 单击"注销"。

(8) 单击浮动的录制工具栏上的"停止"，以停止录制过程。一旦生成了 Vuser 脚本，Vuser 向导将自动前进到任务窗格中的下一步，并显示包含协议信息以及在会话期间创建的一系列操作的录制概要。对于录制期间执行的每个步骤，VuGen 都生成一个快照(即录制期间各窗口的图片)。这些录制的快照的缩略图显示在右侧窗格中。

(9) 选择"文件"→"保存"，或单击"保存"。在"文件名"框中键入 basic_tutorial，单击"保存"。VuGen 将把该文件保存在 LoadRunner 脚本文件夹中，并在标题栏中显示该测试名称。

3. 查看脚本

现在,可在树视图或脚本视图中查看脚本。树视图是基于图标的视图,其中将 Vuser 的操作作为步骤列出;而脚本视图是基于文本的视图,其中将 Vuser 的操作作为函数列出。

(1) 树视图中查看脚本可选择"查看"→"树视图"或单击 "树视图"按钮。对于录制期间执行的每个步骤,VuGen 都在测试树中生成了一个图标和一个标题,如图 8.7 所示。

图 8.7　树视图

在树视图中,将用户的操作作为脚本步骤列出。大多数步骤都附带相应的录制快照。

(2) 脚本视图是基于文本的视图,其中将 Vuser 的操作作为 API 函数列出,如图 8.8 所示。

```
Action()
{
    web_url("newtours.mercury.com",
        "URL=http://newtours.mercury.com/",
        "Resource=0",
        "RecContentType=text/html",
        "Referer=",
        "Snapshot=t1.inf",
        "Mode=HTML",
        LAST);
    lr_think_time(2);
    web_link("new location",
        "Text=new location",
        "Snapshot=t2.inf",
        LAST);
```

图 8.8　脚本视图

在脚本视图中,VuGen 在编辑器中通过彩色编码函数及其参数值显示脚本。您可以直接在此窗口键入 C 或 LoadRunner API 函数以及控制流语句。

4. 回放脚本

完成录制后,您就可以回放脚本,以便验证它是否准确地模拟了您录制的操作。

(1) 确保显示了任务窗格 (如果没有,则请单击工具栏中的"任务"按钮)。单击任务窗格中的"验证回放",然后单击说明窗格底部的"开始回放"按钮。

(2) 如果打开了"选择结果目录"对话框,则询问要存储结果目录的位置,请接受默认名称并单击"确定"按钮。

(3) 单击任务窗格中的"验证回放"查看回放概要。回放概要列出了可能检测到的所有错误并显示录制和回放快照的缩略图,可以通过"运行时设置"模拟各种不同类型的用户行为。

5. 增强脚本

准备负载测试过程时，LoadRunner 允许您增强脚本以使其更好地反映真实情况。例如，您可以在脚本中插入名为内容检查的步骤，以验证某些特定内容是否显示在返回页上。您可以修改脚本来模拟多用户行为，也可以指示 VuGen 度量特定的业务流程。准备要部署的应用程序时，您需要度量特定业务流程的持续时间，如登录、预订航班等花费的时间。这些业务流程通常由脚本中的一个或多个步骤或操作构成。在 LoadRunner 中，可以通过将想要度量的操作标记为事务来指定一系列操作。

(1) 打开事务创建向导。确保显示了任务窗格(如果没有，则请单击“任务”按钮)。在任务窗格的“增强功能”标题下，单击“事务”，将打开事务创建向导。事务创建向导显示脚本中不同步骤的缩略图。单击“新建事务”按钮，现在，您可以拖动事务标记并将其放置在脚本中的指定点。向导提示您插入事务的起始点，如图 8.9 所示。

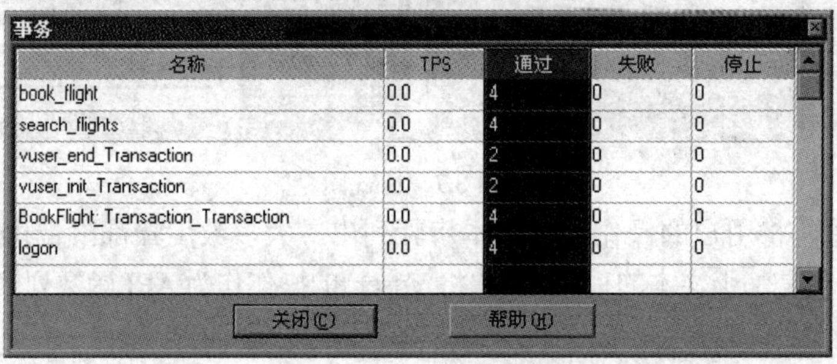

名称	TPS	通过	失败	停止
book_flight	0.0	4	0	0
search_flights	0.0	4	0	0
vuser_end_Transaction	0.0	2	0	0
vuser_init_Transaction	0.0	2	0	0
BookFlight_Transaction_Transaction	0.0	4	0	0
logon	0.0	4	0	0

图 8.9　新建事务

(2) 插入开始事务标记和结束事务标记。使用鼠标将标记放置到标题为搜索航班按钮的第三个缩略图之前并单击，向导会提示您插入结束点。

(3) 指定事务的名称。向导提示输入事务的名称。键入 find_confirm_flight，通过将标记拖动到脚本中的其他点来调整事务的起始点或结束点。

8.3.2　使用 Controller 设计场景

使用 Controller 可以将应用程序性能测试需求划分为多个场景。场景定义每个测试会话中发生的事件。例如，一个场景可以定义和控制模拟的用户数、用户执行的操作以及用户运行其模拟时所用的计算机。

1. 创建场景

此部分的目标是创建一个场景，用来模拟 10 个旅行代理同时登录系统、搜索航班、购买机票、查看路线和注销系统。

1) 打开 Mercury LoadRunner

选择“开始”→“程序”→“Mercury LoadRunner”→“LoadRunner”，将打开“Mercury LoadRunner Launcher”窗口。

2) 打开 Controller

在“负载测试”选项卡中，单击“运行负载测试”，将打开 LoadRunner Controller。默认情况下，Controller 打开时将显示“新建场景”对话框，如图 8.10 所示。

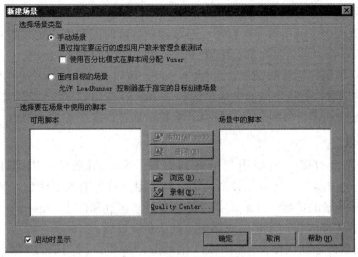

图 8.10　新建场景类型

3) 选择场景类型

在图 8.10 中选择"手动场景"。Controller 允许您选择各种不同的场景类型。

4) 向负载测试添加脚本

单击图 8.10 中的"浏览"按钮，找到 <LoadRunner 安装文件夹>\Tutorial 目录中的 basic_script，"可用脚本"部分和"场景中的脚本"部分中将显示该脚本，单击"确定"按钮。LoadRunner Controller 的"设计"选项卡中将显示您创建的场景。

2. 设计场景

Controller 窗口的"设计"选项卡包含"场景计划"和"场景组"两个主要部分，如图 8.11 所示。

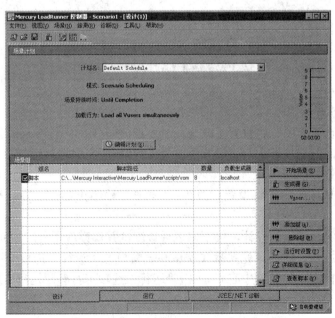

图 8.11　Controller 窗口的"设计"选项卡

（1）场景计划：在"场景计划"部分，您可以设置负载行为以准确描绘用户行为。您可以确定将负载应用于应用程序的频率、负载测试持续时间和停止负载的方式。

（2）场景组：在"场景组"部分配置 Vuser 组。可以创建不同组来代表系统的典型用户。定义这些典型用户运行的操作、运行的 Vuser 数以及 Vuser 运行时所用的计算机。

（3）负载生成器：负载生成器是通过运行 Vuser 在应用程序中创建负载的计算机。可以使用多台负载生成器计算机，并在每台计算机上创建许多个虚拟用户。

3. 计划场景

由于通常不会有多个典型用户恰好同时登录和注销系统，因此 LoadRunner 的 Controller 计划生成器允许您建立较准确描绘典型用户行为的场景计划。例如，在创建手动场景后，设置场景的持续时间或选择在场景中逐渐运行和停止 Vuser。

下面，使用 Controller 计划生成器更改默认负载设置。

（1）更改场景计划默认设置。在图 8.11 中单击"编辑计划"按钮，将打开计划生成器，如图 8.12 所示。

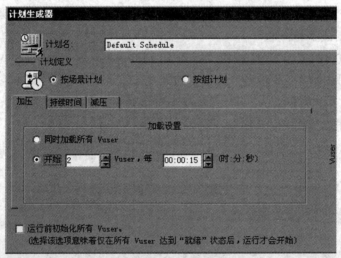

图 8.12　计划生成器

（2）指定逐渐开始。

在"加压"选项卡中，将设置更改为："每 15 秒开始 2 个 Vuser"。

在"持续时间"选项卡中，将设置更改为："在加压完成之后运行 3 分钟"。

（3）计划逐渐关闭。

在"减压"选项卡中，将设置更改为："每 30 秒停止 5 个 Vuser"，单击"确定"按钮。

完成了负载测试场景的设计，接下来运行该测试并观察应用程序如何在负载下运行。在开始运行测试之前，您应该先熟悉 Controller 窗口的"运行"选项卡视图。"运行"选项卡是管理和监控测试的控制中心。 单击"运行"选项卡打开"运行"视图，如图 8.13 所示。

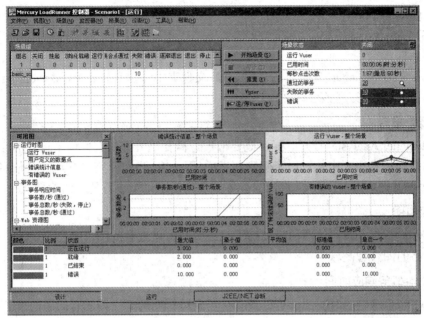

图 8.13　"运行"视图

"运行"视图包含五个主要部分：

(1) 场景组：位于左上窗格中，可以查看场景组中的 Vuser 的状态。使用该窗格右侧的按钮可以启动、停止和重置场景，查看单个 Vuser 的状态，并且可以手动添加更多的 Vuser，从而增加场景运行期间应用程序上的负载。

(2) 场景状态：位于右上窗格中，可以查看负载测试的概要，其中包括正在运行的 Vuser 数以及每个 Vuser 操作的状态。

(3) 可用图：位于中部左侧窗格中，可以查看 LoadRunner 图列表。若要打开图，则在该树中选择一个图，然后将其拖动到图查看区域中。

(4) 图查看区域：位于中部右侧窗格中，可查看 1~8 个图（"视图"→"查看图"）。

(5) 图例：位于底部窗格中，可以查看选定图中的数据。

运行步骤如下：

(1) 开始场景。单击图 8.13 中的"开始场景"按钮，开始运行测试。Controller 开始运行场景。

(2) 通过 Controller 的联机图监控性能。测试运行时，通过 LoadRunner 的集成监控器查看应用程序如何实时执行以及潜在瓶颈所在位置，也可在 Controller 的联机图上查看监控器收集的性能数据。联机图显示在"运行"选项卡的图查看区域。

8.3.3　使用 Analysis 分析场景结果

使用 LoadRunner Analysis 分析场景运行期间生成的性能数据，将性能数据收集到详细的图和报告中，确定和标识应用程序中的瓶颈以及提高系统性能所需的改进。

下面提供了一个 Analysis 会话示例，该会话所基于的场景与前面运行的场景相似。

(1) 从 Controller 的菜单中选择"工具"→"Analysis"或选择"开始"→"程序"→

"Mercury LoadRunner" → "应用程序" → "Analysis" 来打开 LoadRunner Analysis。

(2) 在 Analysis 窗口中，选择"文件"→"打开"，将打开"打开现有 Analysis 会话文件"对话框。

(3) 在 <LoadRunner 安装目录>\Tutorial 文件夹中，选择 analysis_session，Analysis 将在 Analysis 窗口中打开该会话文件。

1. 概要报告

LoadRunner Analysis 打开时显示概要报告。概要报告提供有关场景运行的一般信息。在报告的统计信息概要中，可以了解到测试中运行的用户数，查看其他统计信息(如总/平均吞吐量和总/平均点击次数)。报告的事务概要列出了每个事务的行为概要。

2. 查看图

Analysis 窗口左窗格的图树中列出了已经打开可供查看的图。这些图显示在 Analysis 窗口右窗格的图查看区域中。

3. 平均事务响应时间

通过平均事务响应时间图，可以查看在场景运行期间每一秒的有问题的事务行为。

(1) 在图树中单击"平均事务响应时间"。平均事务响应时间图即显示在图查看区域中。

(2) 单击 check_itinerary，如图 8.14 所示。

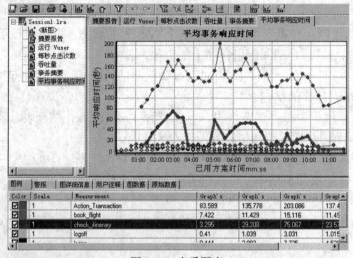

图 8.14　查看图表

4. 合并图和关联图

将两个图联系起来，就会看到一个图的数据会对另一个图的数据产生影响。这称为将两个图关联。例如，您可以将正在运行的 Vuser 图和平均事务响应时间图相关联，来了解大量的 Vuser 对事务的平均响应时间产生的影响。

(1) 在图树中单击"正在运行的 Vuser"，查看正在运行的 Vuser 图。

(2) 右键单击正在运行的 Vuser 图并选择"合并图"。

(3) 在"选择要合并的图"列表中，选择"平均事务响应时间"。

(4) 在"选择合并类型"区域中选择"关联"，然后单击"确定"按钮。Vusers 和平均事务响应时间如图 8.15 所示。

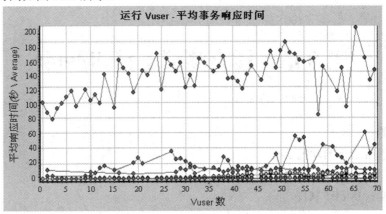

图 8.15　Vusers 和平均事务响应时间

另一个 Analysis 工具自动关联用来合并所有包含可能已对给定事务产生影响的数据的图，事务与每个元素的关联都显示出来。

5. 筛选图数据和排序图数据

对图数据进行筛选，显示特定场景段的较少事务。对图数据进行排序，以更多相关方式来显示数据。

(1) 在图树中单击"平均事务响应时间"打开该图。

(2) 右键单击该图并选择"设置筛选器/分组方式"。

(3) 在"事务名称"值框中选择 check_itinerary 并单击"确定"按钮。 筛选的图仅显示 check_itinerary 事务并隐藏所有其他事务。

6. 发布 HTML 报告和 Microsoft Word 报告

采用 HTML 报告或 Microsoft Word 报告的形式发布 Analysis 会话的结果。

第9章　压力测试工具 JMeter

实验目的：

(1) 理解 JMeter 的功能。

(2) 熟练掌握 JMeter 的操作步骤。

实验环境：JMeter 软件。

9.1　JMeter 概要

Apache JMeter 是 Apache 组织开发的基于 Java 的压力测试工具。最初用于 Web 应用测试，但后来扩展到其他测试领域，如接口测试。JMeter 可以用于测试静态和动态资源分配，例如静态文件、Java 小服务程序、CGI 脚本、Java 对象、数据库、FTP 服务器等。

JMeter 可以用于对服务器、网络或对象模拟巨大的负载，来自不同压力类别下测试它们的强度和分析整体性能。另外，JMeter 能够对应用程序做功能/回归测试，通过创建带有断言的脚本来验证期望的结果。

9.2　JMeter 的作用与优点

JMeter 的作用与优点如下：

(1) 能够对 HTTP 和 FTP 服务器进行压力和性能测试，也可以通过 JDBC 对数据库进行测试。

(2) 完全可移植 Java。

(3) 完全 Swing 和轻量组件支持(预编译的 JAR 使用 javax.swing.*)包。

(4) 允许通过多个线程并发取样和通过单独的线程组对不同的功能同时取样。

(5) GUI 设计允许快速操作和更精确的计时。

(6) 缓存和离线分析/回放测试结果。

(7) JMeter 的可扩展性高。

9.3　JMeter 与 LoadRunner 的比较

JMeter 与 LoadRunner 的比较如下：

(1) JMeter 是一款开源测试工具，界面不美观，结果分析能力没有 LoadRunner 强。

(2) JMeter 小巧，而 LoadRunner 11 将近 4 GB。

(3) JMeter 和 LoadRunner 都可以完成数据库、FTP、WebService 等方面的测试。

(4) JMeter 免费开源，用户可以根据自己的需求扩展相关功能。

(5) JMeter 不支持 IP 欺骗，而 LoadRunner 支持。

(6) JMeter 的缺点：使用 JMeter 无法验证 JS 程序，也无法验证页面 UI，所以需要和 Selenium 配合来完成 Web 2.0 应用的测试。

9.4 JMeter 安装配置

首先必须安装 JDK。

其次，安装 JMeter。登录网址 http://jmeter.apache.org/download_jmeter.cgi，如图 9.1 所示，JMeter 3.0 对应 JDK 1.7，JMeter 4.0 对应 JDK 1.8 以上，下载对应文件。

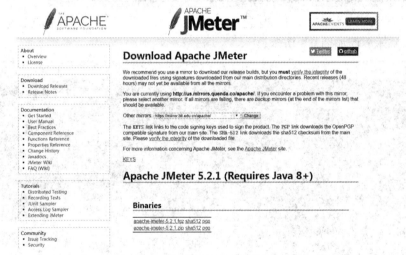

图 9.1 JMeter 下载页面

再次，JMeter 插件安装如下：

(1) 插件下载地址：http://jmeter-plugins.org/downloads/all/。

(2) 插件下载后解压：找到 JMeterPlugins-Extras.jar，把 JMeterPlugins-Extras.jar 放到 apache-jmeter-2.12\lib\ext 目录。

最后，配置 JMeter 环境变量，如下所示：

变量名：JMETER_HOME

变量值：C:\Program Files\apache-jmeter-3.2

变量名：Path (在后面添加以下变量值)

变量值：;%JMETER_HOME%\bin;

变量名：CLASSPATH

变量值：%JMETER_HOME%\lib\ext\ApacheJMeter_core.jar;%JMETER_HOME%\lib\jorphan. jar;

确认安装是否成功，双击 JMeter.bat 运行，页面如图 9.2 所示。注意：打开时会有两个窗口，JMeter 的命令窗口和 JMeter 的图形操作界面，不可以关闭命令窗口。

图 9.2　JMeter 安装成功

JMeter 基本界面如图 9.3 所示。

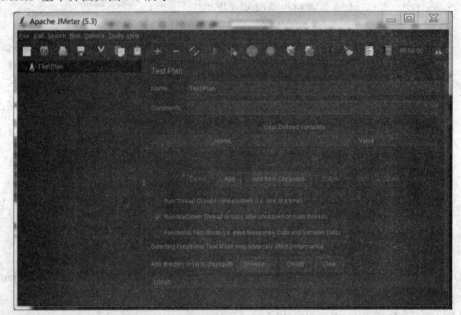

图 9.3　JMeter 运行界面

9.5　JMeter 的两个测试功能

9.5.1　数据库请求

　　JMeter 对于数据库测试，具体步骤如下。(为了使读者更全面、直观地理解和掌握 JMeter 的操作使用方法，本书对 Apache JMeter 的英文版和中文版的操作使用方法进行交替、对照介绍)

(1) 配置测试计划。测试计划用来描述性能测试的所有内容，如图 9.4 所示。

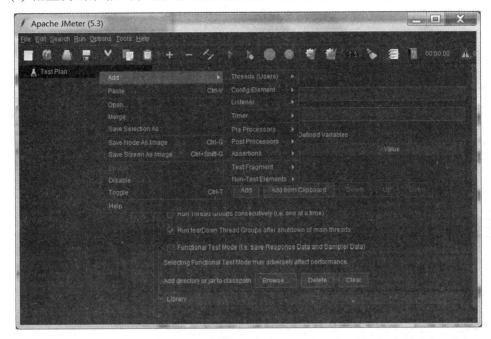

图 9.4　测试计划

(2) 添加线程组，如图 9.5 所示。

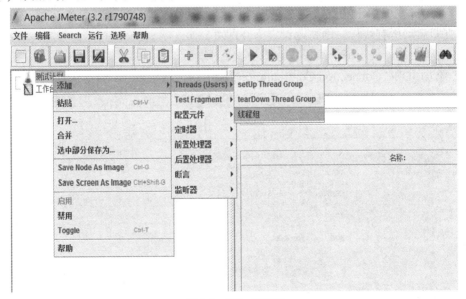

图 9.5　添加线程组

参数如下所示：

① setUp Thread Group：用于执行预测试操作。这些类型的线程执行测试前进行定期线程组的执行。

② tearDown Thread Group：用于执行测试后的动作。这些类型的线程执行测试结束后执行定期的线程组。

③ Thread Group(线程组)：通常添加运行的线程。一个线程组就是一个虚拟用户组，线程组中的每个线程可以理解为一个虚拟用户。线程组中包含的线程数量在测试执行过程中是不会发生改变的。

(3) 配置线程数，也就是并发用户数，如图 9.6 所示。

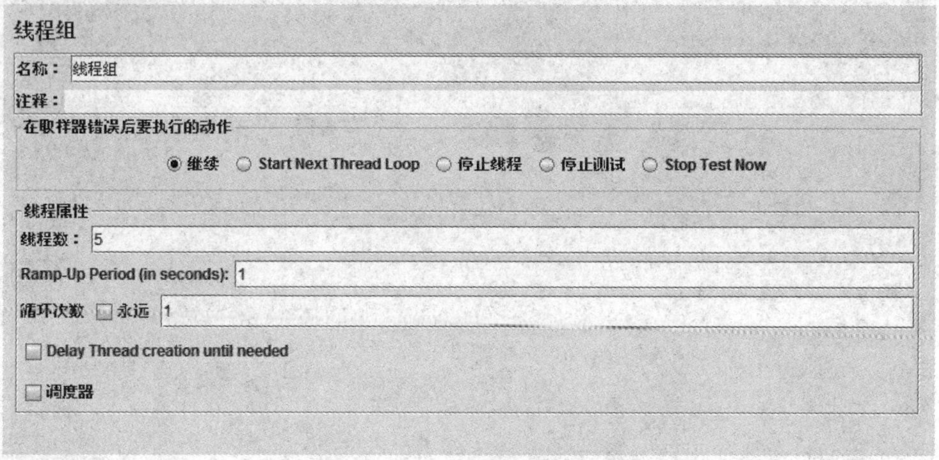

图 9.6　配置线程

参数如下所示：

① 线程数：这里选择 5。

② Ramp-Up Period：单位是 s，默认时间是 1 s。它指定了启动所有线程所花费的时间，比如，当前的设定表示"在 5 s 内启动 5 个线程，每个线程的间隔时间为 1 s"。如果需要 JMeter 立即启动所有线程，则将此设定为 0 即可。

③ 循环次数：表示每个线程执行多少次请求。

(4) 添加 JDBC Connection Configuration，如图 9.7 所示。

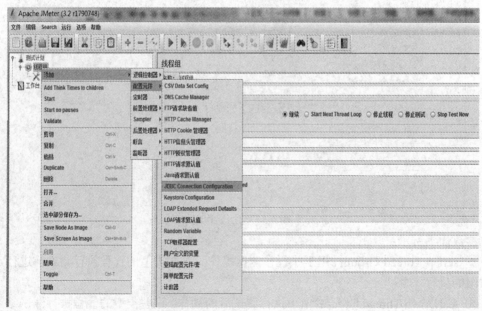

图 9.7　添加 JDBC Connection Configuration

（5）配置数据库 URL、数据库驱动类、数据库用户名、密码等，如图 9.8 所示。

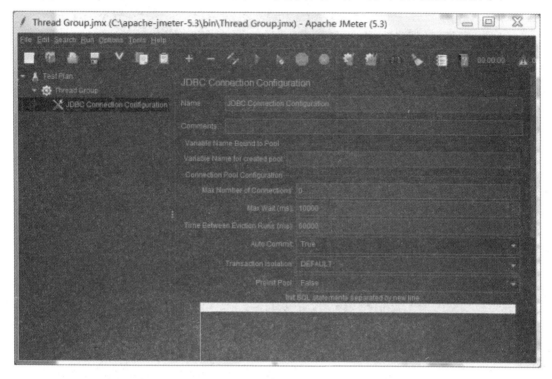

图 9.8　配置数据库

（6）添加 JDBC Request，具体操作如图 9.9 所示。

图 9.9　添加 JDBC 请求

(7) 用 SQL 语句对数据库进行操作，如图 9.10 所示。

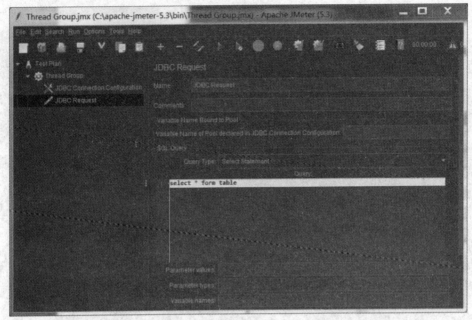

图 9.10　SQL 语句

(8) 在线程组添加监听器以便记录操作结果，可添加察(查)看结果树，如图 9.11 所示。

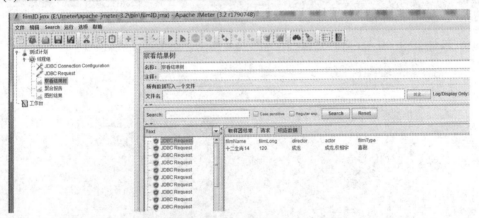

图 9.11　察(查)看结果树

(9) 查看聚合报告，如图 9.12 所示。

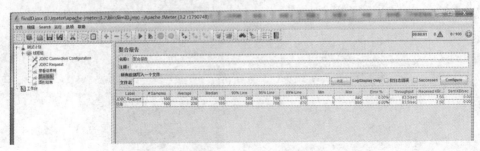

图 9.12　聚合报告

(10) 查看图形结果，如图 9.13 所示。

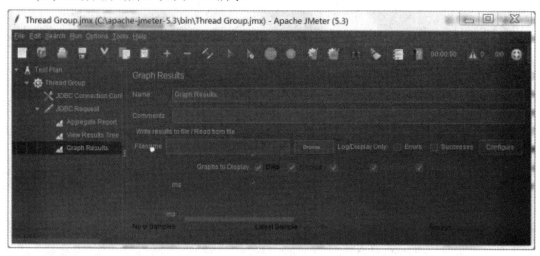

图 9.13 图形结果

9.5.2 HTTP 请求

HTTP 请求访问网页内容，也是先在测试计划中添加线程组，然后设置线程数，之后的具体步骤如下。

(1) 在线程组下新建 HTTP 请求，如图 9.14 所示。

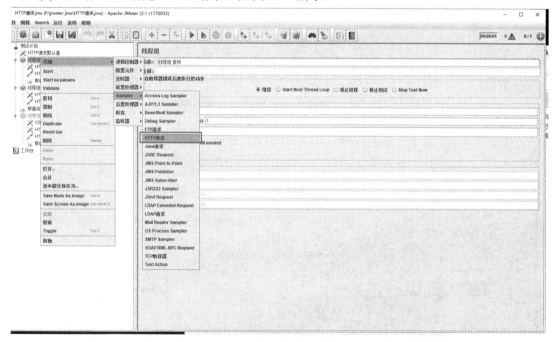

图 9.14 添加 HTTP 请求

(2) 在 HTTP 请求界面中，填入服务器名称或 IP、端口号、路径、协议以及方法，完成 HTTP 请求的配置，如图 9.15 所示。

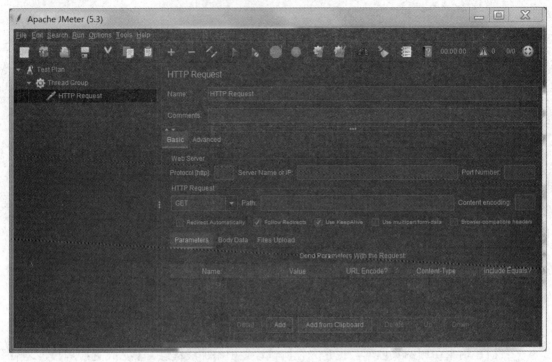

图 9.15　添加服务器等信息

(3) 添加断言。鼠标右键单击"HTTP 请求"→添加→断言→响应断言，具体如图 9.16 所示。

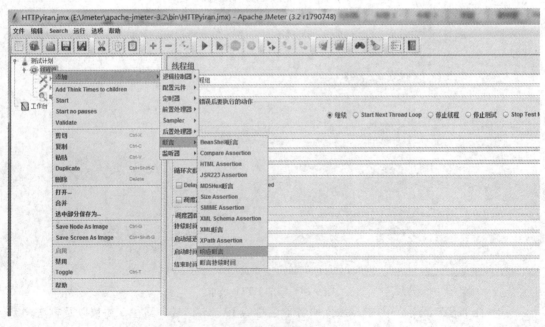

图 9.16　添加断言

(4) 添加监听器，查看图形结果、结果树和聚合报告，如图 9.17 所示。

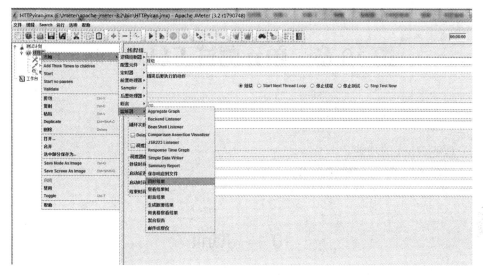

图 9.17　添加监听器

第 10 章　单元测试工具 JUnit

实验目的：

(1) 理解 JUnit 的功能。

(2) 熟练掌握 JUnit 的操作步骤。

实验环境：JUnit 软件。

10.1　JUnit

10.1.1　安装 JUnit

下面给出 JUnit 3.8.1 版本的安装步骤。

(1) 下载 JUnit。打开 http://www.junit.org/JUnit 网站，从该网站可以下载 JUnit，并找到相关资料

(2) 解包 JUnit，如表 10.1 所示。

表 10.1　JUnit 包含的文件及其目录

文件/目录	描　　述
JUnit.jar	JUnit 框架结构、扩展和测试运行器的二进制发布
Src.jar	JUnit 的源代码，包括一个 Ant 的 Buildfile 文件
JUnit	一个目录，内有 JUnit 自带的用 JUnit 编写的测试示例程序
Javadoc	JUnit 完整的 API 文档
doc	一些文档，包括 TestInfected 等，帮助用户入门

(3) 检验安装 JUnit。检验 JUnit 是否安装正确，执行 JUnit 自带的测试示例程序，详细步骤如下：

① 打开命令行提示窗口。

② 将 JUnit 的目录(Windows 系统式 C：\JUnit 3.8.1 或 Linux 系统的/opt/JUnit 3.8.1)作为当前目录。

③ 执行下列命令：

```
>java –classpath JUnit.jar;.JUnit.textui.TestRunner JUnit.samples.AllTests
```

执行测试命令，类路径包含了 JUnit.jar 和当前的目录(.)。JUnit.jar 是仅有的需要放到类路径下的文件。当前的目录(.)是解包 JUnit 的目录，JUnit 测试的所有*.class 文件从此开始。JUnit.textui.TestRunner 是 JUnit 的基于文本的测试运行器的类名，会执

行所有的 JUnit 测试，并将结果报告给控制台。JUnit.samples.AllTests 是运行测试套件的名字。

(4) 运行 JUnit 测试。

10.1.2　JUnit 的特点

JUnit 是用于单元级测试的开放式框架，具有如下优势：

(1) JUnit 是完全免费的。JUnit 是公开源代码，可以进行二次开发。

(2) 使用方便。JUnit 可以快速地撰写测试用例并检测程序代码，随着程序代码增加测试用例，JUnit 执行测试类似编译程序代码一样容易。

(3) JUnit 检验结果并提供立即回馈。JUnit 自动执行并且检查结果，执行测试后获得简单回馈，不需要人工检查测试结果报告。

(4) JUnit 合成测试系列的层级架构。JUnit 把测试组织成测试系列，允许组合多个测试并自动地回归整个测试系列，JUnit 与 Ant 结合实施增量开发和自动化测试。

(5) JUnit 提升了软件的稳定性。JUnit 使用小版本发布，控制代码更改量。同时，引入了重构概念，提高了软件代码质量。

(6) JUnit 能够与 IDE 集成。JUnit 能够与 Java 相关的 IDE 环境集成，形成测试及开发代码之间的无缝连接。

10.1.3　JUnit 的内容

JUnit 作为单元测试框架，共有 6 个包，其中最核心的 3 个包是 JUnit.framework、JUnit.runner 和 JUnit.textui。JUnit.framework 是测试构架，包含了 JUnit 测试类所需的所有基类；JUnit.runner 负责测试驱动的全过程；JUnit.textui 负责文字方式的用户交互。

(1) JUnit.framework 共有 6 个主要类或接口，分别是 Test、Assert、TestCase、TestSuite、TestListener、TestResult。

① Test 接口。Test 接口作为单独测试用例(TestCase)、聚合测试用例(TestSuite)的共同接口，从而符合该接口的所有测试形态都被 JUnit 使用一致的方式处理，同时为整个框架做了扩展预留。

② Assert 类。Assert 类包含一组用于测试断言方法的集合，验证期望值与实际值是否一致。如果期望值和实际值比对失败，则 Assert 类就会抛出一个 AssertionFailecdError 异常，JUnit 测试框架将这种错误归入 Failes 并加以记录。

③ TestCase 抽象类。TestCase 抽象类继承 Assert 类，实现 Test 接口，负责进行初始化以及测试方法调用。TestCase 类作为包的核心，是抽象类，只能通过实例化对象实现。

TestCase 类有 setUP()、tearDown()方法。setUP() 方法测试所有变量和实例，并且在依次调用测试类中每个测试方法之前再次执行 setUP()方法，使得每次所生成的变量、实例和第一次初始化时生成的变量、实例相同。tearDown()方法则是在每个测试方法执行后，准确释放测试方法中引用的变量和实例。

④ TestSuite 类。TestSuite 类实现了 Test 接口，可以包装、组织和运行多个 TestCase。

TestSuite 处理 TestCase 时，有 6 个规约要遵循，否则便会拒绝执行测试。这 6 个规约如下：

- 该测试用例必须是公有类。
- 该测试用例必须继承于 TestCase 类。
- 测试用例中测试方法必须是公有的(Public)。
- 测试用例中测试方法必须被声明为 Void。
- 测试用例中的测试方法的前置名词必须是 test。
- 测例中测试方法无任何传参。

TestSuite 处理的测试用例标准写法如下：

```
//必须声明为 Public 类，继承于 Junit.framework.TestCase 类
Public class Class_TestCase extends TestCase{
//标准测试用例构造方法无须变动
Public Class_TestCase()   { // 必须声明为 public
Super(); //默认写法一般不用重写
}
Public   void testAMethod(){…}   //测试方法必须声明为 Public，并且加上"test"修饰前缀
Public   void testBMethod(){…}
}
```

⑤ TestListener。TestListener 作为一个事件监听规约，定义了执行测试过程的公共方法，通知 Listener 的对象相关事件，包括测试开始、错误和失败的抛出、测试结束，如 startTest()、endTest()等。

⑥ TestResult 类。TestResult 类负责收集 TestCase 所执行的结果，将结果分为两类，即客户可预测的失败(Failure)和没有预测的错误(Error)。Failure 表示当 JUnit 测试结果为 False 时，TestResult 会自动抛出 AssertionFailedErrors 异常。Error 表示测试驱动程序本身的错误，作为不可预见的异常情况，由测试代码自身抛出。TestResult 提供 wasSuccessful() 方法，决定所做的测试是否全部通过。

TestResult 对 TestListener 进行注册(每个测试用例对应一个异常监听者)，TestListener 调用测试方法后，向 TestResult 返回测试执行过程，例如测试的整个执行生命周期包括测试开始、失败和错误的抛出、测试结束。

(2) JUnit.runner 包中定义 JUnit 测试框架的交互形式，也是整个 JUnit 的交互框架。BaseTestRunner 抽象类是 JUnit.runner 包的核心类，用于实现 TestListener 接口，定义运行测试的公共方法。所有 JUnit 框架和外界进行交互的行为都被此包所定义。BaseTestRunner 抽象类分别被 JUnit 中 awtui、swingui 和 textui 三个包中的同名 TestRunner 方法共同继承，形成三种不同风格的 JUnit 交互模式。

一般来说，命令行交互模式执行测试速度最快，界面简单，返回的错误值集成到 Ant 中进行后续处理。图形交互模式执行测试时，采用三种色块：灰色、绿色、红色，分别标注测试分组，给出相关测试失败的错误原因。其中，灰色代表着羞涩，表示单元代码的错误输出；绿色等同于活跃的生命，表示结果正确；红色表示当前代码出现了严重的

错误。

(3) JUnit.textui 包中主要的类是 TestRunner，继承 BaseTestRunner，是客户对象调用的起点，负责对整个测试流程跟踪，显示返回测试结果，报告测试进度。

10.1.4　JUnit 的设计原则

JUnit 用于验证被测试代码是否实现了预期设计。

下面给出 JUnit 测试的设计原则。

1. 不要测试简单的情况

JUnit 只是一个优秀的单元级测试架构，并没有规定要测试些什么。一般来说，被测试类的每一个公共方法对应一个测试方法。但是对于一些不可能出错的方法，例如 Set 和 Get 方法，这样的做法就没有任何意义。

2. 测试任何可能出现错误的地方

极限编程(XP)的测试原则之一是不放过任何可能出错的地方。如果类复杂，则完全测试的难度较大，反之，类的简单性使之完全测试的可能性较大。JUnit 支持重构，强调类在功能上尽可能简单易理解。

3. 测试边界条件

边界条件必须保证考虑可能的溢出，例如集合是否为空、系统内存地址的溢出以及数组的第一个和最后一个元素。

通常需要考虑的边界条件有：

(1) 未初始化：很多编译器能够在某种情况下给出对象没有初始化的信息提示，但是更多的隐藏未初始化情况被忽略。

(2) Null 值：如果输入 Null 值，则代码该如何处理，是否会抛出指定的异常情况。

(3) 最大值、最小值：第一个和最后一个是必然的选择。

(4) 临界值：如果超过最大值或者小于最小值，则是否会抛出指定的异常情况。

(5) 初始值：不同条件语句的初始值不同，可以是 0、1 等。

4. 自动化

JUnit 单元级测试必须被自动化，对于重构代码的更新意味着能快速反馈。另外，自动化测试也意味着对测试结果自动评价其是否符合预期值的设定。

5. 测试依赖于接口

利用类接口进行测试是一种策略，即测试要依赖于对象接口的实现。从设计上来看，频繁地测试一个类的非接口方法是不正常的，这意味着过多依赖于类的实现而非类的接口。

10.2　JUnit 的测试步骤

通过以下 3 个步骤，JUnit 完成简单的测试：

(1) 创建 TestCase 类的一个子类。

(2) 编写若干测试用例，每个测试用例的书写格式如下：

```
Public void test<TestCaseName>(){ … }
```

注意：JUnit 对于测试用例的命名法是 test+<TestCaseName>测试用例的名字。

(3) 编写一个测试套件方法，加入第(2)步编写的测试用例。

```
Public static Testsuite(){…}
```

编译上述子类以及被测构件，用 JUnit 提供的运行器 TestRunner 运行测试。

【例 10-1】 JUnit 简单范例。

步骤如下：

(1) 创建一个 TestCase 的子类。

```
package junitfaq;

import java.util.*;

import junit.framework.*;


public class SimpleTest extends TestCase {


public SimpleTest(String name) {

super(name);

}
```

(2) 写一个测试方法断言期望的结果。

```
public void testEmptyCollection() {

Collection collection = new ArrayList();

assertTrue(collection.isEmpty());

}
```

注意：JUnit 推荐的做法是以 test 作为待测试的方法的开头，这些方法可以被自动找到并被测试。

(3) 写一个 suite()方法，使用反射动态的创建包含 testXxxx 方法的测试套件。

```
public static Testsuite() {

return new TestSuite(SimpleTest.class);

}
```

(4) 运行测试。

方法一：文本方式。

在 main()方法里调用 junit.textui.TestRunner.run(…)，具体代码如下：

```
public static void main(String args[]) {

junit.textui.TestRunner.run(suite());

}

}
```

运行结果如图 10.1 所示。

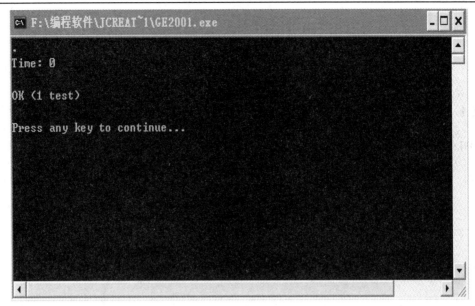

图 10.1　例 10-1 文本方式运行结果

分析测试：图 10.1 中 Time 上的小点表示测试个数，如果测试通过，则显示 OK；否则在小点的后边标上 F，表示该测试失败。

JUnit 报告结果为 OK，表明测试成功。反之，根据 JUnit 提示的错误信息进行修正。

方法二：图形方式。

采用如下语句，其执行结果如图 10.2 所示。

　　java junit.swingui.TestRunner junitfaq.SimpleTest

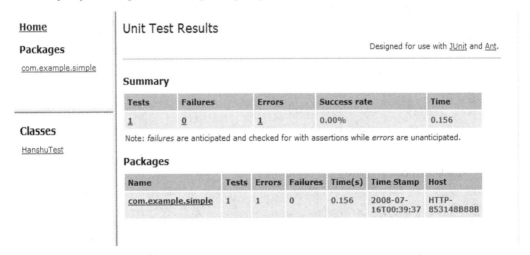

图 10.2　例 10-1 图形方式运行结果

实际测试某个类功能常常需要执行一些共同的操作，完成以后需要销毁所占用的资源（例如网络连接、数据库连接、关闭打开的文件等），TestCase 类提供的 setUp 方法在每个 testXxxx 方法之前运行，而 tearDown 方法在每个 testXxxx 方法结束以后执行，既共享了初始化代码，又消除了测试代码之间的相互影响。

10.3 JUnit 举例

10.3.1 测试 Triangle 类

Triangle 类作为三角形类，用于求解三角形的周长、面积等，代码如下：

```java
import java.lang.Math;
public class Triangle
{
    int a，b，c;
    double area，len;
    public void set(int i，int j，int k)
    {
        a=i;
        b=j;
        c=k;
    }
    public boolean Judge(int a，int b，int c)
    {
     boolean bool;
        if(a+b>c && a+c>b && b+c>a)
        {
         bool=true;
         return bool;
        }
        else
            return bool=false;
    }
    public int GetPerimeter(int a，int b，int c)
    {
        return (a+b+c)/2;
    }
    public double GetArea(int a，int b，int c)
    {
        len=(a+b+c)/2;
        area=Math.sqrt(len*(len-a)*(len-b)*(len-c));
        return area;
    }
```

```
        }
```

设计 TriangleTest 类实现对 Triangle 类进行测试，代码如下：

```java
import junit.framework.*;
import org.junit.Assert.*;
import java.util.*;


public class TriangleTest extends TestCase
{
        Triangle testTriangle=new Triangle();    //初始化类对象

        public void setUp() throws Exception
        {
                super.setUp();
        }
        protected void tearDown() throws Exception
        {
                super.tearDown();
        }
        public void testSet(int a，int b，int c)   //测试边长 a，b，c 的值
        {
                assertNull(a);
                assertNull(b);
                assertNull(c);
        }

        public void testJudge()         //测试是否符合三角形的定义
        {
                assertTrue(testTriangle.Judge(3，4，5));
        }

        public void testGetPerimeter()      //测试三角形周长
        {
                assertEquals(6，testTriangle.GetPerimeter(3，  4，  5));
        }

        public void testGetArea()                //测试三角形面积
        }
                assertEquals(6，testTriangle.GetArea(3，  4，  5));
        }
```

```
        public static Testsuite()
        }
        return new TestSuite(TriangleTest.class);
        }
    }
```

运行测试有以下两种方法。

方法一：文本方式。

```
    public static void main(String[] args)
    {
        junit.textui.TestRunner.run(TriangleTest.suite());
    }
```

结果若是错误，则会有相应的提示，如图 10.3 所示。

图 10.3　例 10-2 文本方式运行结果

方法二：图形方式，其运行结果如图 10.4 所示。

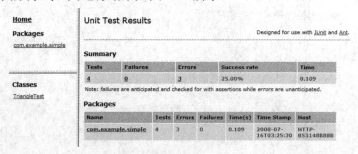

图 10.4　例 10-2 图形方式运行结果

10.3.2　测试 Calculator 类

Calculator 类作为被测代码，实现了加、减、乘、除四则运算，故意将其内容书写错误，为了其后测试所用。

Calculator 类代码如下：

```
    package andycpp;
    public class Calculator
    {
```

```
private static int result;     // 静态变量用于存储运行结果
public void add(int n)
{
    result = result + n;
}
public void substract(int n)
{
    result = result - 1;     //Bug: 正确的应该是  result =result-n
}
public void multiply(int n)
{
}      //此方法尚未写好
public void divide(int n)
{
    result = result /1; //Bug: 正确的应该是  result =result/n
}
public void clear()     // 将结果清零
{
    result = 0;
}
public int getResult()
{
        return result;
}
}
```

测试 CalculatorTest 类步骤如下：

(1) 将 JUnit 4 单元测试包引入 JUnit_Test 项目。在该项目上右键单击，选择"属性(Properties)"，如图 10.5 所示。

图 10.5　将 JUnit 4 测试包引入 JUnit_Test 项目截图 1

在弹出的属性窗口中选择"Java Build Path",选择"Libraries"标签并单击"Add Library…"按钮,如图 10.6 所示,选择 JUnit 4,将 JUnit 4 软件包加入到 JUnit_Test 项目中。

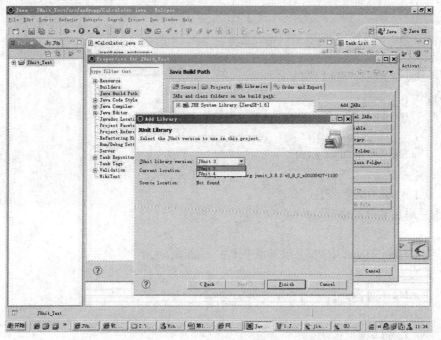

图 10.6　将 JUnit4 测试包引入 JUnit_Test 项目截图 2

(2) 生成 JUnit 测试框架。在 Eclipse 的 Package Explorer 中,用右键单击 Calculator 类,在弹出菜单中选择"New",再选择"JUnit Test Case",如图 10.7 所示。

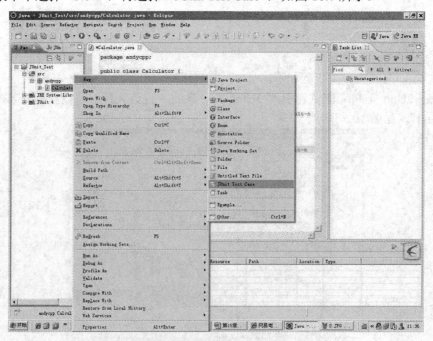

图 10.7　在 Eclipse 中创建 Calculator 类的测试用例截图 1

在弹出的对话框中，选择 setUp()方法和 teardown()方法，如图 10.8 所示。

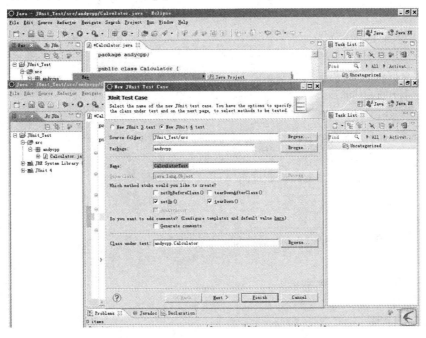

图 10.8　在 Eclipse 中创建 Calculator 类的测试用例截图 2

在图 10.8 中单击"Next"后，系统会自动列出 Calculator 类中所包含的方法，如图 10.9 所示，选择所需测试的"加、减、乘、除"四个方法进行测试。

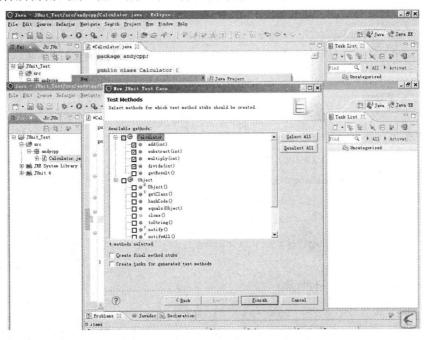

图 10.9　在 Eclipse 中创建 Calculator 类的测试用例截图 3

Eclipse 自动生成名为 CalculatorTest 的新类，代码中只包含空的测试用例，添加相关的测试用例，代码如下。

CalculatorTest 类代码如下：

```
package andycpp;
import static org.JUnit.Assert.*;
import org.JUnit.Before;
import org.JUnit.Ignore;
import org.JUnit.Test;

public class CalculatorTest
{
        private static Calculator calculator = new Calculator();

        @Before
        Public void setUp() throws Exception
        {
                calculator.clear();
        }
        @Test
        public void testAdd()
        {
            calculator.add(2);
            calculator.add(3);
            assertEquals(5，calculator.getResult());
```
//使用 assertEquals 断言将执行结果 result 和预期值 5 进行比较，来判断测试是否成功
```
        }
        @Test
        public void testSubstract()
        {
            calculator.add(10);
            calculator.substract(3);
            assertEquals(7，calculator.getResult());
        }
        @Ignore("Multiply() Not yet implemented")
        @Test
        public void testMultiply()
        {
        }
        @Test
        public void testDivide()
        {
```

```
        calculator.add(6);
        calculator.divide(2);
        assertEquals(3，calculator.getResult());
    }
}
```

（3）运行测试代码。在 CalculatorTest 类右键单击，选择"Run As a JUnit Test"，运行结果如图 10.10 所示。共进行了 4 个测试，其中 1 个测试被忽略，两个测试失败。

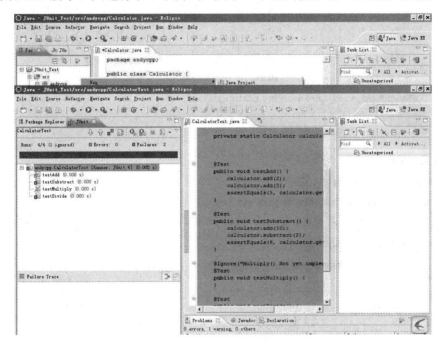

图 10.10　运行测试用例截图 2

修改 Calculator 类代码，重新进行 JUnit 测试，出现绿色的进度条，说明修改正确。

10.3.3　测试 N！

N！代码如下：

```
import java.math.BigInteger;
import java.util.Scanner;

public class JieChen
{

    long result = 1;

    long doJieChen(int a)
    {
```

```
for(int i = 2; i <= a; i++)
{
result*=i;
}

return result;
}
public static void main(String args [])
{
JieChen jc = new JieChen();
Scanner c = new Scanner(System.in);
System.out.print(jc.doJieChen(c.nextInt()));
}
}
```

采用 JUnit 测试 N!，代码如下：

```
import junit.framework.TestCase;
public class JieChenTest extends TestCase
{
    /* (non-Javadoc)
    * @see junit.framework.TestCase#setUp()
    */
    JieChen j;
    protected void setUp() throws Exception
    {
        super.setUp();
        j = new JieChen();
    }
    public void testDoJieChen()
{
        assertEquals("这是测试阶乘的值:"，24，j.doJieChen(4));
    }
}
```

10.3.4　测试字符串小写转换器

将字符串全部变成小写的 Java 代码如下：

```
package demo;
public class StringDemo
{
```

```
        public StringDemo()
        {
        }
        public String smallString(String str)// 字符串变小写
        {
                String temp = "error";
                if (str.equals("") || str == null)
                {
                        return temp;
                }
                String s = str.toLowerCase();
                return s;
        }
    }
```

采用 JUnit 测试，代码如下：

```
    package demo.test;
    import demo.StringDemo;
    import junit.framework.TestCase;
    public class testStringDemo extends TestCase
    {
        private StringDemo str;
        protected void setUp()
        {
                str = new StringDemo();
        }
            public void testSmallString()
            {
                assertEquals("一个字母变小写", str.smallString("A"), "a");
                assertEquals("字符串全是大写", str.smallString("ABC"),  "abc");
                assertEquals("含有小写的字符串", str.smallString("aBc"),  "abc");
                assertEquals("含有数字的字符串", str.smallString("A1C"),  "a1c");
                assertEquals("全是数字的字符串", str.smallString("123"),  "123");
                assertEquals("含有特殊字符的处理", str.smallString("，Adc"),  "，adc");
                assertEquals("异常处理", str.smallString(""), "error");
            }
    }
```

第 11 章　单元测试工具 PyUnit

实验目的：

(1) 理解 unittest 的功能。

(2) 熟练掌握 unittest 的操作步骤。

实验环境：unittest 软件。

11.1　PyUnit

11.1.1　unittest 简介

Python 单元测试框架(The Python unit testing framework，PyUnit)是 Kent Beck 和 Erich Gamma 设计的 JUnit 的 Python 版本。Python 2.1 及其以后的版本都将 PyUnit 作为一个标准模块，即 Python 的 unittest 模块。unittest 是 xUnit 系列框架中的一员。该框架使用注解来识别测试方法，使用断言来判断运行结果，同时还提供测试运行机制来自动运行测试用例，将测试代码和被测代码分开，有利于代码的打包发布和测试代码的管理。

11.1.2　unittest 工作原理

unittest 最核心的概念有：测试用例(TestCase)、测试套件(TestSuite)、测试装载器(TestLoader)、测试运行器(TextTestRunner)、测试用例结果类(TextTestResult)、测试报告(TestReport)和测试固件(TestFixture)，详情如下：

(1) TestCase：一个 TestCase 的实例就是一个测试用例，包括完整的测试流程，如测试前准备环境的搭建、执行测试代码以及测试后环境的还原。

(2) TestSuite：多个 TestCase 集合在一起就是 TestSuite，TestSuite 可以嵌套 TestSuite。

(3) TestLoader：加载 TestCase 到 TestSuite 中，其中 loadTestsFrom__()方法用于寻找 TestCase，并创建它们的实例，然后添加到 TestSuite 中，返回 TestSuite 实例。

(4) TextTestRunner：用于执行测试用例，负责对整个测试过程进行跟踪。

(5) TextTestResult：测试用例结果类。

(6) TestReport：用于输出测试结果。

(7) TestFixture：用于一个测试用例环境的搭建和销毁。

unittest 工作原理如图 11.1 所示，首先设计 TestCase，由 TestLoader 加载 TestCase 到 TestSuite，通过 TextTestRunner 运行 TestSuite，将测试结果保存在 TextTestResult 中，也可

在 TestReport 中输出。

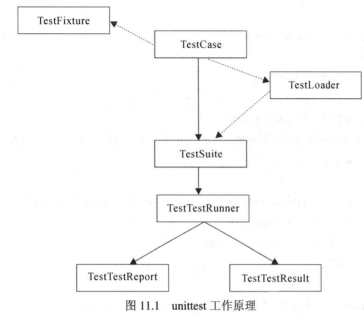

图 11.1　unittest 工作原理

11.2　注　　解

11.2.1　注解简介

　　注解又名装饰器，它是用于简化软件控制结构，提高程序自动化水平的重要方法，可以帮助用户更清晰地表达测试程序的逻辑结构和功能。例如，当运行测试用例时，有些用例可能不想执行等，可用装饰器暂时屏蔽该条测试用例。

　　unittest 提供@unittest.skip、@unittest.skipIf、@unittest.skipUnless 等注解方式用于忽略暂时不需要执行的测试用例，如下所示：

　　@unittest.skip(reason)：skip(reason)装饰器无条件地跳过装饰的测试，并说明跳过测试的原因。

　　@unittest.skipIf(reason)：skipIf(condition，reason)装饰器的条件为真时，跳过装饰的测试，并说明跳过测试的原因。

　　@unittest.skipUnless(reason)：skipUnless(condition，reason)装饰器的条件为假时，跳过装饰的测试，并说明跳过测试的原因。

　　@unittest.expectedFailure()：expectedFailure()测试标记为失败。

11.2.2　注解举例

　　【例 11-1】　用注解忽略测试用例。

```
import unittest
import sys
```

```
import random

class MyTestCase(unittest.TestCase):
    a=1
    @unittest.skip("skipping")
    def test_nothing(self):
        self.fail("shouldn't happen")
    @unittest.skipIf(a>5，"conditon is not satisfied!")    #如果变量大于5，则忽视该方法
    def test_choice(self):
        pass
    @unittest.skipUnless(sys.platform.startswith("win")，"requires Windows")
    def test_windows_support(self):
        # windows specific testing code
        pass
if __name__ == '__main__':
    testCases = unittest.TestLoader().loadTestsFromTestCase(MyTestCase)
    suite = unittest.TestSuite(testCases)
unittest.TextTestRunner(verbosity=2).run(suite)
```

程序运行结果如下：

```
test_choice (__main__.MyTestCase) ... ok
test_nothing (__main__.MyTestCase) ... skipped 'skipping'
test_windows_support (__main__.MyTestCase) ... ok


----------------------------------------------------------------------
Ran 3 tests in 0.000s


OK (skipped=1)
```

11.3　测试类和测试方法

采用"待测类名+Test"的模式命名待测类对应测试类；待测方法对应测试用例的命名应当采用"test+待测方法名"的模式，其中待测方法名的首字母应大写。

unittest 操作步骤如下：

(1) 导入 unittest 库。

(2) 定义一个继承自 unittest.TestCase 的测试用例类。

(3) 定义 setUp 和 tearDown。其中，setUp 在每个测试用例执行之前被调用，通常用于初始化测试用例所需的资源。tearDown 在每个测试用例执行后被调用，用于对资源进行释放和回收。

(4) 定义测试用例，所有需要被执行的测试方法都必须以"test"开头。

(5) 调用 assertEqual、assertRaises 等断言方法判断程序执行结果和预期值是否相符。

(6) 调用 unittest.main()启动测试。

11.3.1　Assert

unittest 框架通过 Assert 类提供一系列断言方法帮助测试者判断程序的运行结果。断言方法的参数一般包括期望变量和实际变量两部分。在运行断言语句时，若期望变量和实际变量相等，则表明程序运行结果与期望相符；否则表明程序运行结果与期望结果相异，测试用例运行失败。Assert 类常用的断言方法如表 11.1 所示。

表 11.1　Assert 类常用的断言方法

方　法	含　义
assertEqual(a，b)	断言第一个参数和第二个参数是否相等，如果不相等，则测试失败
assertNotEqual(a，b)	断言第一个参数与第二个参数是否不相等，如果相等，则测试失败
assertTrue(x)	测试表达式是 true
assertFalse(x)	测试表达式是 false
assertIs(a，b)	断言第一个参数和第二个参数是同一个对象
assertIsNot(a，b)	断言第一个参数和第二个参数不是同一个对象
assertIsNone(x)	断言表达式是 None 对象
assertIsNotNone(x)	断言表达式不是 None 对象
assertIn(a，b)	判断字符串是否包含
assertNotIn(a，b)	判断字符串是否不包含

【例 11-2】 Assert 类测试举例。

```
import unittest
class Person:                              # 将要被测试的类
    def age(self):
        return 34
    def name(self):
        return 'bob'
class PersonTestCase(unittest.TestCase):   #测试用例类继承于 unittest.TestCase
```

```
        def setUp(self):
            self.man = Person()
            print('set up now')
        def test1(self):                              #测试用例
            self.assertEqual(self.man.age()，34)       #测试方法 assertEqual)
        def test2(self):
            self.assertEqual(self.man.name()，'bob')
        def test3(self):
            self.assertEqual(223，23)


    if __name__ == '__main__':
            unittest.main(verbosity=1)
```

程序运行结果如下：

```
========== RESTART: C:/Users/Administrator/Desktop/test_example.py ==========
set up now
.set up now
.set up now
F

======================================================
FAIL: test3 (__main__.PersonTestCase)
--------------------------------------------------------------------
Traceback (most recent call last):
  File "C:/Users/Administrator/Desktop/test_example.py"，line 17，in test3
    self.assertEqual(223，23)
AssertionError: 223 != 23


--------------------------------------------------------------------
Ran 3 tests in 0.021s


FAILED (failures=1)
```

解析说明如下：

(1) 每一个用例执行的结果都有标识，成功是.，失败是 F，出错是 E，跳过是 S。

(2) 所有以 test 开头的函数当做单元测试运行，忽略不带 test 的函数。

(3) 提供不同类型的"断言"语句判断测试的成功或失败。

(4) 在 unittest.main()中加 verbosity 参数可以控制输出的错误报告的详细程度，默认是 1。若 verbosity= 0，则不输出每一个用例的执行结果，如下所示：

```
========== RESTART: C:/Users/Administrator/Desktop/test_example.py ==========
set up now
set up now
```

set up now

==

FAIL: test3 (__main__.PersonTestCase)

Traceback (most recent call last):

　　File "C:/Users/Administrator/Desktop/test_example.py"，　line 17，　in test3

　　　　self.assertEqual(223，23)

AssertionError: 223 != 23

Ran 3 tests in 0.019s

FAILED (failures=1)

若 verbosity= 2，则输出详细的执行结果，如下所示：

　　========== RESTART: C:/Users/Administrator/Desktop/test_example.py ==========

test1 (__main__.PersonTestCase) ... set up now

ok

test2 (__main__.PersonTestCase) ... set up now

ok

test3 (__main__.PersonTestCase) ... set up now

FAIL

==

FAIL: test3 (__main__.PersonTestCase)

Traceback (most recent call last):

　　File "C:/Users/Administrator/Desktop/test_example.py"，　line 17，　in test3

　　　　self.assertEqual(223，23)

AssertionError: 223 != 23

Ran 3 tests in 0.039s

FAILED (failures=1)

11.3.2　TestCase

　　TestCase 类是 unittest 框架中的核心类，可以直接使用 Assert 类的相关方法。在单元测试时，测试类直接或间接继承于 TestCase 类。

　　【例 11-3】　TestCase 举例。

　　Mathfunc.py 内容如下：

　　　　class mathfunc:

```
        def add(a，b):
            return a+b
        def minus(a，b):
            return a-b
        def multi(a，b):
            return a*b
        def divide(a，b):
            return a/b
```

TestMathFunc.py 内容如下：

```
    # -*- coding: utf-8 -*-
    import unittest
    from mathfunc import *


    class TestMathFunc(unittest.TestCase):
        def setUp(self):
            print("do something before test.Prepare environment.")
            self.num = mathfunc()
        def tearDown(self):
            print("do something after test.Clean up.")
        def test_add(self):
            print("add")
            self.assertEqual(3，self.num.add(1，2))
            self.assertNotEqual(3，self.num.add(2，2))
        def test_minus(self):
            print("minus")
            self.assertEqual(1，self.num.minus(3，2))
        def test_multi(self):
            print("multi")
            self.assertEqual(6，self.num.multi(2，3))
        def test_divide(self):
            print("divide")
            self.assertEqual(2，self.num.divide(6，3))
            self.assertEqual(2.5，self.num.divide(5，2))


    if __name__ == '__main__':
        unittest.main(verbosity=2)
```

程序运行结果如下：

```
    ========== RESTART: C:/Users/Administrator/Desktop/test_mathfunc.py ==========
```

test_add (__main__.TestMathFunc) ... do something before test.Prepare environment.

add

do something after test.Clean up.

ok

test_divide (__main__.TestMathFunc) ... do something before test.Prepare environment.

divide

do something after test.Clean up.

ok

test_minus (__main__.TestMathFunc) ... do something before test.Prepare environment.

minus

do something after test.Clean up.

ok

test_multi (__main__.TestMathFunc) ... do something before test.Prepare environment.

multi

do something after test.Clean up.

ok

Ran 4 tests in 0.131s

OK

11.3.3　TestSuite

TestSuite 用于组织多个测试用例，控制测试用例的执行顺序。

【例 11-4】　TestSuite 举例。

方法 1：直接使用 addTests()方法添加 TestCase 列表，可以确定 case 的执行顺序。

```
suite = unittest.TestSuite()
tests=[TestMathFunc("test_add")，TestMathFunc("test_minus")， TestMathFunc("test_divide")]
suite.addTests(tests)

runner = unittest.TextTestRunner(verbosity=2)
runner.run(suite)
```

程序运行结果如下：

```
=========== RESTART: C:/Users/Administrator/Desktop/test_suite.py ===========
test_add (test_mathfunc.TestMathFunc) ... ok
test_minus (test_mathfunc.TestMathFunc) ... ok
test_divide (test_mathfunc.TestMathFunc) ... ok
----------------------------------------------------------------------
Ran 3 tests in 0.064s
OK
```

解析：通过 TestSuite 的 addTests() 方法，传入 TestCase 列表，按照顺序依次执行。

方法 2：直接使用 addTest()方法添加单个 TestCase。

```
suite = unittest.TestSuite()
suite.addTest(TestMathFunc("test_add"))


runner = unittest.TextTestRunner(verbosity=2)
runner.run(suite)
```

11.4　两种输出方式

unittest 测试执行结果默认输出到控制台，这样导致无法查看之前的执行记录。而 TextTestRunner 和 HTMLTestRunner 可以实现不同的输出效果。

11.4.1　TextTestRunner

TextTestRunner 可以将测试结果输出到文本文件中。

【例 11-5】 将结果输出到 txt 文件。

将例 11-3 中的 Mathfunc.by 代码进行修改，修改后的代码如下：

```
# -*- coding: utf-8 -*-
import unittest
from test_mathfunc import TestMathFunc


if __name__ == '__main__':
    suite = unittest.TestSuite()
    suite.addTests(unittest.TestLoader().loadTestsFromTestCase(TestMathFunc))

    with open('UnittestTextReport.txt',   'a') as f:
        runner = unittest.TextTestRunner(stream=f,   verbosity=2)
        runner.run(suite)
```

程序运行结果如下：

在同目录下生成了 UnittestTextReport.txt 文档，测试执行报告以 txt 格式保存。

11.4.2　HTMLTestRunner

TextTestRunner 文本格式的报告过于简陋，HTMLTestRunner 是 unittest 单元测试框架的一个扩展，主要用于生成 HTML 测试报告，以便生成一份通俗易懂的测试报告来展示自动化测试成果。

在网址 http://tungwaiyip.info/software/HTMLTestRunner.html 下载 HTMLTestRunner.py 文件，如图 11.2 所示。

HTMLTestRunner

HTMLTestRunner is an extension to the Python standard library's unittest module. It generates easy to use HTML test reports. See a sample report here. HTMLTestRunner is released under a BSD style license.

14 comments

Download

HTMLTestRunner.py (0.8.2)

test_HTMLTestRunner.py test and demo of HTMLTestRunner.py

图 11.2　下载 HTMLTestRunner.py 的网页

将 HTMLTestRunner.py(0.8.2)保存为 HTMLTestRunner.py 文件。对 HTMLTestRunner.py 文件进行如下修改：

(1) 将 import StringIO 修改成 import io。

(2) 将 self.outputBuffer = StringIO.StringIO()修改成 self.outputBuffer = io.StringIO()。

(3) 将 if not rmap.has_key(cls)修改成 if not cls in rmap:。

(4) 将 uo = o.decode('latin-1')修改成 uo = e。

(5) 将 ue = e.decode('latin-1')修改成 ue = e。

(6) 将 print >> sys.stderr，'\nTime Elapsed: %s' % (self.stopTime-self.startTime)修改成 print(sys.stderr，'\nTime Elapsed: %s' % (self.stopTime-self.startTime))。

(7) 将 self.stream.write(output.encode('utf8'))修改成 self.stream.write(output)。

【例 11-6】　HTMLTestRunner 模板实例。

修改例 11-4 的 TestSuite 文件，代码如下：

```
# -*- coding: utf-8 -*-
import unittest          #实现测试断言
from test_mathfunc import TestMathFunc
from HTMLTestRunner import HTMLTestRunner      #完成测试报告


if __name__ == '__main__':
    suite = unittest.TestSuite()
    suite.addTests(unittest.TestLoader().loadTestsFromTestCase(TestMathFunc))
    with open('HTMLReport.html',  'w') as f:
        runner = HTMLTestRunner(stream=f,
                                title='MathFunc Test Report',
                                description='generated by HTMLTestRunner.',
                                verbosity=2
                                )
        runner.run(suite)
```

程序运行结果如下：

=========== RESTART: C:\Users\Administrator\Desktop\test_suite.py ===========

ok test_add (test_mathfunc.TestMathFunc)

ok test_divide (test_mathfunc.TestMathFunc)

ok test_minus (test_mathfunc.TestMathFunc)

ok test_multi (test_mathfunc.TestMathFunc)

<idlelib.run.PseudoOutputFile object at 0x0000000002B42711>

Time Elapsed: 0:00:00.082005

在同一目录下，产生 HTMLReport.html 的测试报告，如图 11.3 所示。

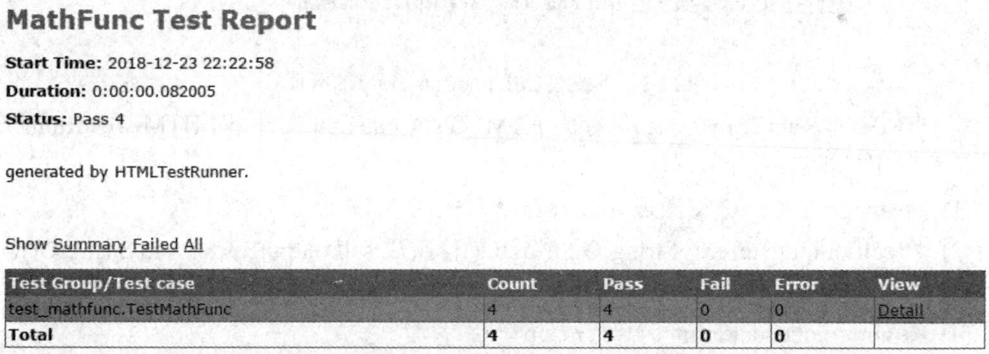

MathFunc Test Report

Start Time: 2018-12-23 22:22:58
Duration: 0:00:00.082005
Status: Pass 4

generated by HTMLTestRunner.

Show Summary Failed All

Test Group/Test case	Count	Pass	Fail	Error	View
test_mathfunc.TestMathFunc	4	4	0	0	Detail
Total	**4**	**4**	**0**	**0**	

图 11.3　程序运行结果

11.5　unittest 与爬虫

11.5.1　Python 爬虫库

Python 3 提供 urllib 库执行各种 HTTP 请求,其官方文档链接为:https://docs.python.org/ 3/library/urllib.html。

urllib 具备以下模块:

(1) urllib.request：用来打开和读取 URLs。

(2) urllib.error：对于 urllib.request 产生的错误，使用 try 进行捕捉处理。

(3) urllib.parse：用于解析 URLs 的方法。

(4) urllib.robotparser：用于测试爬虫是否可以下载一个页面。

在 anaconda Prompt 下使用如下命令，进行安装，如图 11.4 所示。

pip　install requests

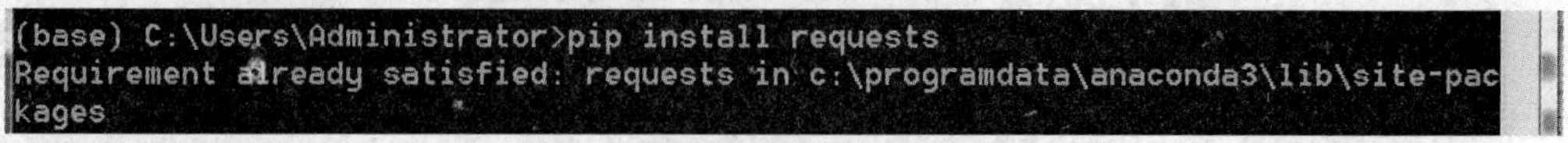

```
(base) C:\Users\Administrator>pip install requests
Requirement already satisfied: requests in c:\programdata\anaconda3\lib\site-pac
kages
```

图 11.4　安装 requests 库

requests 支持以下各种方法，如表 11.1 所示。

表 11.1　requests 库的主要方法

方　法	解　释
requests.get()	获取 HTML 的主要方法
requests.head()	获取 HTML 头部信息的主要方法
requests.post()	向 HTML 网页提交 post 请求的方法
requests.put()	向 HTML 网页提交 put 请求的方法
requests.patch()	向 HTML 提交局部修改的请求
requests.delete()	向 HTML 提交删除请求

beautifulsoup 提供函数处理网页的导航、搜索、修改分析树等功能，用于解析文档。
在 anaconda Prompt 下使用如下命令安装，如图 11.5 所示。

pip install　beautifulsoup4

图 11.5　安装 beautifulsoup 库

lxml 作为 beautifulsoup 库解析器，在 anaconda Prompt 下使用如下命令，如图 11.6 所示。

pip install lxml

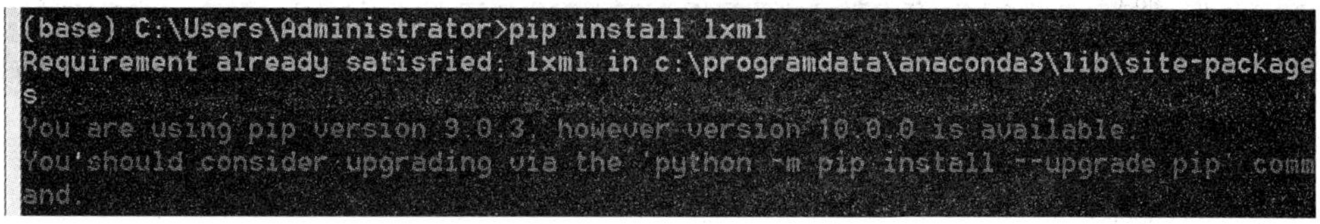

图 11.6　安装 lxml 库

beautifulsoup 的基本元素如表 11.2 所示。

表 11.2　beautifulsoup 的基本元素

基本元素	说　明
tag	标签，最基本的信息组织单元，分别用<>和</>标明开头和结尾
name	标签的名字，<p>…</p>的名字是 p，格式：<tag>.name
Attributes	标签的属性，字典形式组织，格式：<tag>.attrs
NavigableString	标签内非属性字符串，<>…</>中字符串，格式：<tag>.string
Comment	标签内字符串的注释部分，一种特殊的 Comment 类型

1. tag 元素

使用方式：soup.<tag>。

tag 是指 HTML 中的标签，如 title、head、p 等，如图 11.7 所示。

```
>>> print(soup.title)
<title>The Dormouse's story</title>
>>> print(soup.head)
None
>>> print(soup.p)
<p>html = """
</p>
```

图 11.7　tag 元素

2. name 元素

使用方式：<tag>.name。

其中，soup 对象(beautifulsoup 对象)本身比较特殊，其 name 为[document]。对于其他内部标签，输出标签的名称，如图 11.8 所示。

```
>>> print(soup.name)
[document]
>>> print(soup.title.name)
title
```

图 11.8　name 元素

3. Attributes 元素

使用方式：<tag>.attrs。

例如，把标签 a 的所有属性输出，得到的类型是一个字典，如图 11.9 所示。

```
>>> print(soup.a.attrs)
{'href': 'http://example.com/elsie', 'class': ['sister'], 'id': 'link1'}
```

图 11.9　Attributes 元素

4. NavigableString 元素

使用方式：<tag>.string。

例如，获取标签 b 内部的文字，如图 11.10 所示。

```
>>> print(soup.b.string)
The Dormouse's story
>>> print(type(soup.b.string))
<class 'bs4.element.NavigableString'>
```

图 11.10　NavigableString 元素

【例 11-7】 beautifulsoup 举例。

采用 requests 库抓取的 http://www.meijutt.com/new110.html 网页输出的代码内容很多，为了方便找到抓取数据，可以采用 Chrome 浏览器的"开发者工具"：打开 url，按下 F12，再同时按下"Ctrl + Shift + C"，用鼠标单击所要抓取的内容，例如，"剧集频道"，如图 11.11 所示，浏览器就在 html 中找到其对应位置，如图 11.12 所示。

图 11.11　网页

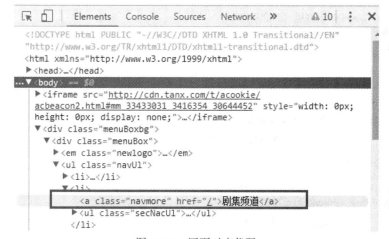

图 11.12　网页对应代码

采用 beautifulsoup 库提取数据，代码如下：

```
from urllib.request import urlopen

from bs4 import beautifulsoup                              #导入 beautifulsoup 对象

html =urlopen('http://www.meijutt.com/new110.html')        #打开 url，获取 HTML 内容

bs_obj= beautifulsoup(html.read()，'html.parser')           #把 HTML 内容传到 beautifulsoup 对象


text_list=bs_obj.find_all("a"，"navmore")                   #找到"class= navmore"的 a 标签

for text in text_list:

    print(text.get_text())                                 #打印标签的文本

html.close()                                               #关闭文件
```

11.5.2　unittest 与爬虫举例

【例 11-8】　unittest 库与网络爬虫组合起来，实现网站前端功能测试，代码如下：

```
from bs4 import beautifulsoup

import requests
```

```
from time import sleep
import unittest


class TestWikipedia(unittest.TestCase):
    soup = None
    def setUp(self):
        global soup
        url = "https://baike.baidu.com/item/Monty%20Python"
        header = {"User-Agent": "Mozilla/5.0 (Windows NT 11.0; Win64; x64) AppleWebKit/537.36
(KHTML，like Gecko) Chrome/71.0.3578.98 Safari/537.36"，"Host": "baike.baidu.com"}
        r = requests.get(url，headers=header)
        soup = beautifulsoup(r.text，"lxml")
        sleep(3)


    def test_titleText(self):
        global soup
        pageTitle = soup.find("h1").getText()
        self.assertEqual("Monty Python"，pageTitle)
        sleep(3)


    def test_contentExists(self):
        global soup
        content = soup.find("div"，{"id": "layer"})
        self.assertIsNotNone(content)
        sleep(3)


if __name__ == '__main__':
    unittest.main()
```

程序运行结果如图 11.13 所示。

图 11.13　程序运行结果

这里有两个测试：第一个是测试页面的标题是否为"Monty Python"，另一个是测试页面是否有一个 div 节点 id 属性是"layer"。

第 12 章 功能测试工具 QTP

实验目的：

(1) 理解 QTP 的功能。

(2) 熟练掌握 QTP 的操作步骤。

实验环境：QTP 软件。

12.1 QTP 简介

QTP 是 Quick Test Professional 的缩写，作为功能回归自动化测试工具。QTP 针对 GUI 应用程序，包括传统的 Windows 应用程序以及 Web 应用程序，它不仅适用于开发早期，而且对于存在大量重复性的手工测试的项目、测试时间比较长的项目、回归测试等流程具有绝对的优势。QTP 12 以后改名为 UFT(Unified Functional Testing，译为统一功能测试)。UFT 以 VBScirpt 为内嵌语言。UFT 自动化测试的基本功能包括：

- 创建测试；
- 检验数据；
- 增强测试；
- 运行测试脚本；
- 分析测试结果；
- 维护测试。

UFT 安装步骤如下：

(1) 下载 UFT 安装包，如图 12.1 所示，下载地址：https://saas.hpe.com/en-us/software/uft，下载前需要进行账户注册，UFT 版本为 14.0。

图 12.1 官方下载地址

(2) 双击 setup 文件进行安装，如图 12.2 所示。

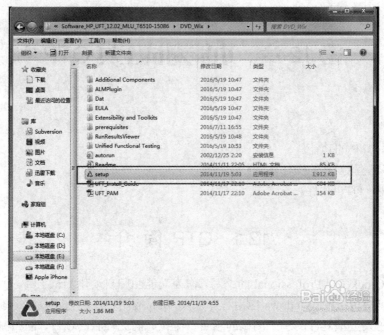

图 12.2　UFT 安装文件

(3) 打开安装页面，按照提示安装需要的功能，如图 12.3 所示。

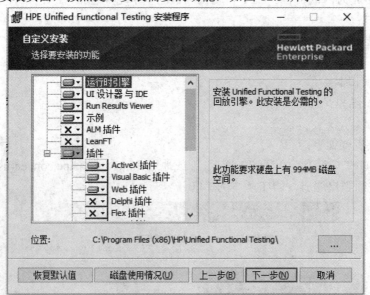

图 12.3　UFT 安装页面

12.2　UFT 基本操作

UFT 基本功能操作如下：

(1) 进入应用，弹出如图 12.4 所示的"许可证警告"页面，单击"继续"按钮。

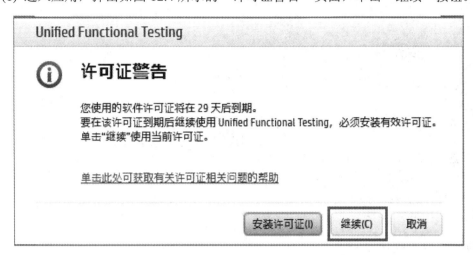

图 12.4　打开 UFT

(2) 继续单击"确定"按钮，如图 12.5 所示。

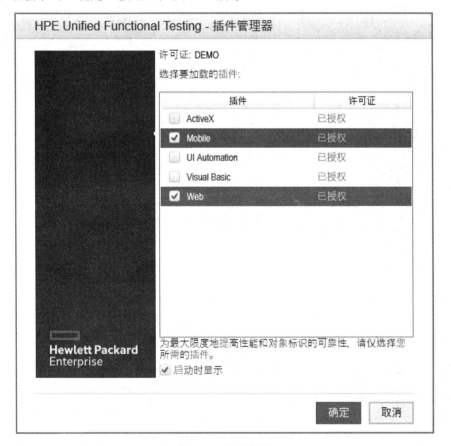

图 12.5　设置插件

(3) 打开 UFT 显示界面，如图 12.6 所示。

图 12.6　UFT 显示界面

(4) 新建 GUI 测试，如图 12.7 所示。

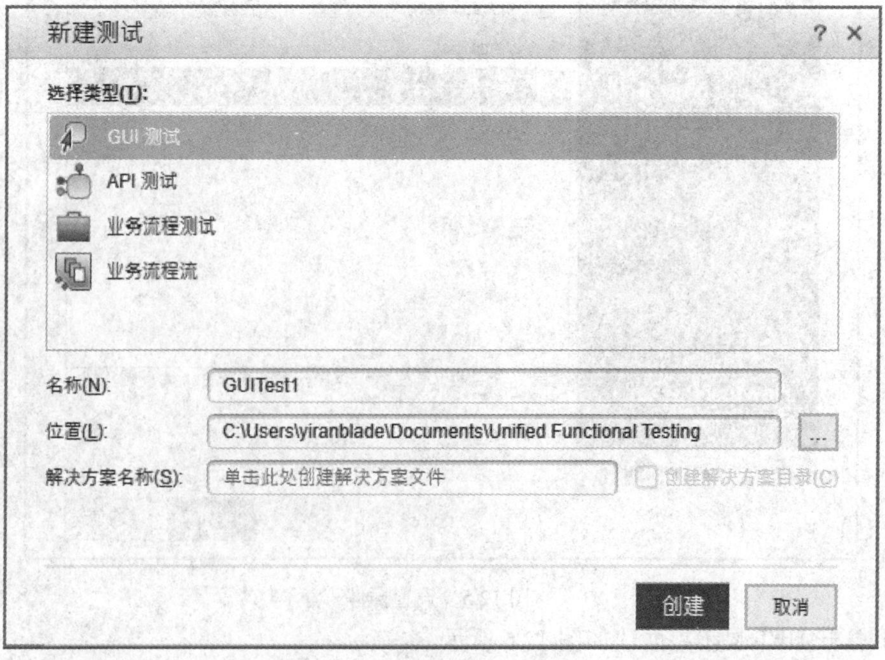

图 12.7　新建 GUI 测试

(5) 单击图 12.7 中的 "创建" 按钮, 出现 GUI 测试界面, 如图 12.8 所示。

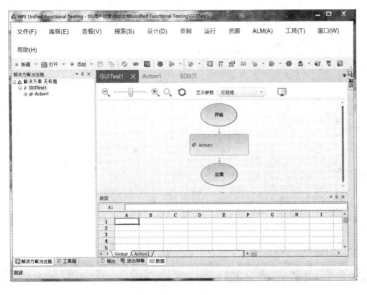

图 12.8　GUI 测试界面

(6) 单击 "工具" 菜单选择 "选项", 如图 12.9 所示。

图 12.9　单击 "工具" 菜单

(7) 选中 "GUI 测试" → "测试运行", 在普通模式下将每步执行延迟的秒数改为 1500, 其他选项保持不变, 如图 12.10 所示。

图 12.10　设置延迟秒数

(8) 单击"录制"菜单，选中"录制和运行设置"，如图 12.11 所示。

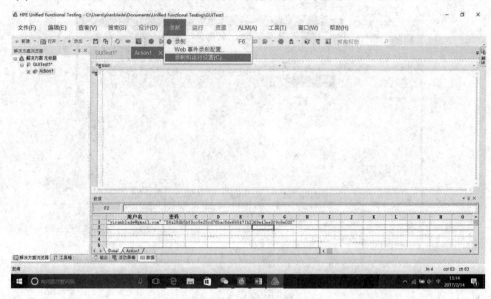

图 12.11　录制设置

(9) 选择"Web"选项，选中"录制或运行会话开始时打开以下浏览器"，在"地址"栏中输入目标测试网址或 IP 地址。由于录制的网站带有验证码，而验证码在网站每次打开时都不相同，故录制运行后，将不能再现过程。因此，本次实验以"V 客网"登录为例，不需要验证码，输入网址 http://www.vke53.com/User/login?ReturnUrl=%2f，如图 12.12 所示。

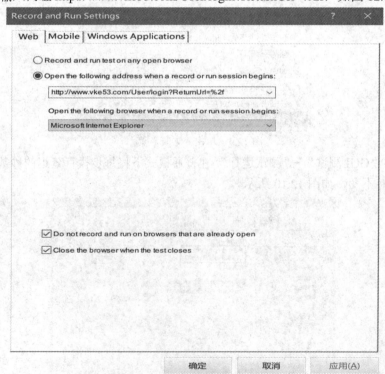

图 12.12　录制和运行设置

(10) 在图 12.12 中单击"确定"按钮后,单击录制,并自动打开 Chrome 浏览器,进入"V 客网",如图 12.13 所示。

图 12.13　UFT 录制

(11) 此时录制的方式为"默认"方式,关闭页面后,单击停止录制按钮,如图 12.14 所示。

图 12.14　停止录制

(12) 在图 12.14 中选中"Action1",可以查看本次录制所有操作的脚本,可以通过修改编写相关的代码来实现各种操作,如图 12.15 所示。

Browser("用户登录 - V 客商城").Page("用户登录 - V 客商城").WebEdit("login$txtUserName").Set "3102865447@qq.com"

Browser("用户登录 - V 客商城").Page("用户登录 - V 客商城").WebEdit("login$txtPassword").SetSecure "5e7ca36fcdbded36ecacf973a80b6ce07f75fbe5ccf8b99b"

Browser("用户登录 - V 客商城").Page("用户登录 - V 客商城").WebButton("登　录").Click

Browser("用户登录 - V 客商城").Page("V 客商城 - V 客网俱乐部").Link("退出").Click

Browser("用户登录 - V 客商城").Page("V 客商城 - V 客网俱乐部").Link("登录").Click

图 12.15　查看脚本

(13) 单击"▷"按钮(运行)或使用快捷键 F5 来运行录制的脚本,检验脚本是否能够运行成功,如图 12.16 所示。

图 12.16　运行脚本

图 12.17 为 UFT 运行后的报告结果。

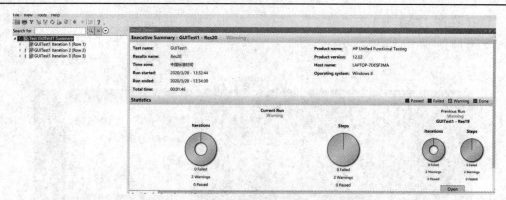

图 12.17　UFT 报告

(14) 将数据填入到 Excel 表中进行测试，如图 12.18 所示。

① 第一组数据为正确的账号与正确的密码。

② 第二组数据为正确的账号与错误的密码。

③ 第三组数据为错误的账号与错误的密码。

B4			
	A	B	C
1	3102865447@qq.com	testadmin	
2	958031210@qq.com	admin	
3	451515@qq.comdf	admin	
4			
5			

图 12.18　Excel 数据

(15) 修改代码，如下所示，将 Excel 表中的数据读入。

```
Dim username,password
username = DataTable.Value("A","Global")
password = DataTable.Value("B","Global")
            DataTable.Value("列名","Sheet 名")  获取指定 sheet 中当前行指定列的值
Browser("用户登录 - V 客商城").Page("用户登录 - V 客商城").WebEdit("login$txtUserName").Set username
Browser("用户登录 - V 客商城").Page("用户登录 - V 客商城").WebEdit("login$txtPassword").SetSecure
password
```

(16) 当登录成功时，需要进行注销操作并重新进入登录界面，重新输入下一组数据；当登录失败时，则继续输入下一组数据即可。相关代码如下：

```
If Browser("用户登录 - V 客商城").Page("V 客商城 - V 客网俱乐部").WebElement("userinfo").Exist Then
    msgbox "登陆成功"
    Browser("用户登录 - V 客商城").Page("V 客商城 - V 客网俱乐部").Link("退出").Click
    Browser("用户登录 - V 客商城").Page("V 客商城 - V 客网俱乐部").Link("登录").Click
ELSE
    msgbox "用户名或密码错误"
End If
```

运行截图如图 12.19 所示。

图 12.19　运行结果

完整代码如下：

```
Dim username,password
username = DataTable.Value("A","Global")
password = DataTable.Value("B","Global")
Browser("用户登录 - V 客商城").Page("用户登录 - V 客商城").WebEdit("login$txtUserName").Set
username
Browser("用户登录 - V 客商城").Page("用户登录 - V 客商城").WebEdit("login$txtPassword").SetSecure
password
Browser("用户登录 - V 客商城").Page("用户登录 - V 客商城").WebButton("登　录").Click
If Browser("用户登录 - V 客商城").Page("V 客商城 - V 客网俱乐部").WebElement("userinfo").Exist Then
    msgbox "登陆成功"
    Browser("用户登录 - V 客商城").Page("V 客商城 - V 客网俱乐部").Link("退出").Click
    Browser("用户登录 - V 客商城").Page("V 客商城 - V 客网俱乐部").Link("登录").Click
ELSE
    msgbox "用户名或密码错误"
End If
```

(17) 选择 "File" → "Export Test"，将项目导出成 zip 格式，如图 12.20 所示。

(18) 选择 "Resources" → "Object Repository"，查看当前项目中保存的页面元素，如图 12.21 所示。

(19) 添加页面中的新元素。

① 在 Object Repository 界面选择 "Add Objects to" 功能并单击页面中的某个元素，如图 12.22 所示。

② 在单击某个元素后，将元素的层级结构显示，并将其加入库中，分别如图 12.23、图 12.24 所示。

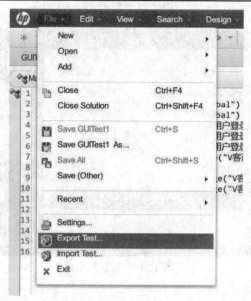

图 12.20　导出文件为 zip 格式

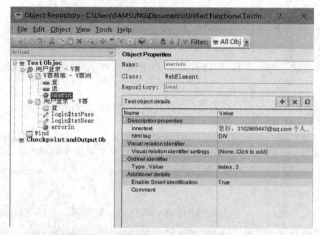

图 12.21　页面元素

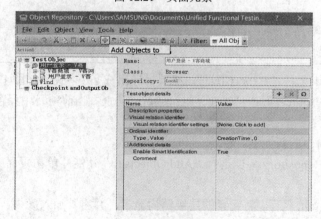

图 12.22　增加新元素

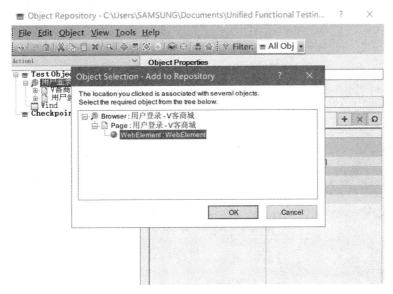

图 12.23　显示元素 1

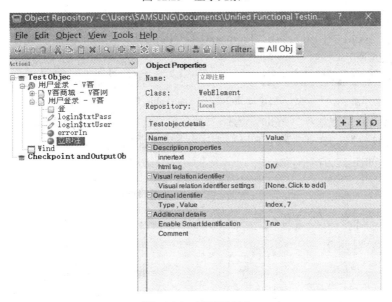

图 12.24　显示元素 2

12.3　UFT 参数化操作

录制或编辑测试脚本时，通过参数化设置检查点的属性值，检查应用程序如何基于不同的数据执行相同的操作。UFT 参数化功能操作通过 DataTable 实现，可以使得测试数据在固定范围内变动，下面将上一节的实验内容——录制用户名和密码脚本进行参数化设置。

具体步骤如下：

(1) 单击菜单"查看"，选择"关键字视图"，如图 12.25 所示。

图 12.25　关键字视图

(2) 进入"关键字视图"，在"login$txtUserName"一栏的"值"一列单击"<＃>"按钮，如图 12.26 所示。

图 12.26　修改 DataTable 内容

(3) 弹出"值配置选项"界面，选择"参数"，在下拉框中选择"Data Table"(表示从 Excel 表中读取数据)，在"名称"下拉框中选择读取数据的字段名即可，此处我们选择"用户名"字段，如图 12.27 所示。

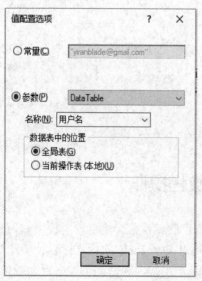

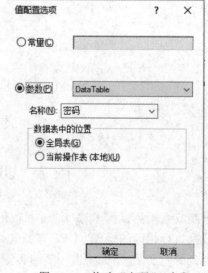

图 12.27　将"名称"修改为"用户名"字段　　　图 12.28　修改"密码" 字段

(4) 与此类同，将"名称"修改为"密码"，常量的值不用修改，如图 12.28 所示。

(5) 将用户名的值"yiranblade@gmail.com"改成 silence@yiranblade.com，去掉双引号。在图 12.29 中选中"用户名"，选择"格式"→"自定义数字"，如图 12.30 所示。在"单元格格式"对话框的"类型"列表中选择"0"，如图 12.31 所示。

图 12.29　修改内容

图 12.30　修改内容

图 12.31　修改内容

(6) 单击"查看"→"编辑器"，如图 12.32 所示，"WebEdit"和"WebEdit_2"一栏中的代码变成"（"用户名，dtGlobalSheet"）"和"（"密码，dtGlobalSheet"）"，如图 12.33 所示。"用户名"和"密码"两列添加多个数据，UFT 每次取出一行数据，根据"用户名"和"密码"的内容进行回放，以此类推。

图 12.32　单击"编辑器"

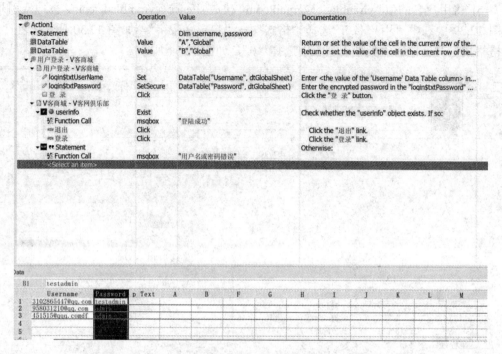

图 12.33　查看脚本

第 13 章　功能测试工具 Selenium

实验目的:

(1) 理解 Selenium 的功能。

(2) 熟练掌握 Selenium_IDE 的操作步骤。

(3) 熟练掌握 Selenium WebDriver 的操作步骤。

实验环境:

(1) selenium_IDE 软件;

(2) Selenium WebDriver 软件。

13.1　Selenium

　　Selenium 是一个用于 Web 应用程序自动化测试的工具,直接运行在浏览器中,支持 IE、Mozilla Firefox、Google Chrome 等浏览器。Selenium 的命名比较有意思,意为化学元素“硒”。QTP 是主流的商业自动化测试工具,意为化学元素“汞”(俗称水银),而硒可以对抗汞。Selenium 与 QTP 的对比如表 13.1 所示。

表 13.1　Selenium 与 QTP 的对比

	Selenium	QTP/UFT
是否付费	开源免费	商用付费,成本涉及许可证
IDE	没有 IDE	有 IDE
操作系统	支持各种操作系统	只支持 Windows
应用类型	Web,不支持处理 Windows 控件	Web、Java、.Net、ActiveX、VB、Oracle、PowerBuilder,支持操作 Windows 控件等
支持录制	仅支持 Firefox 55.0 版本之前的录制,回放成功率低,脚本开发较 QTP 难度大	支持录制,上手容易,能够快速实现自动化,录制回放成功率高
测试类型	UI 自动化、接口自动化	UI 自动化
开发语言	Java、Python、Ruby、Perl、C#、PHP、HTML…	VBScript
浏览器	Internet Explorer、Firefox、Chrome、Edge、Safari、Opera、移动设备驱动等	Firefox、Internet Explorer 和 Chrome 的特定版本

	Selenium	QTP/UFT
脚本运行	脚本作用于 HTML 的 DOM(文档对象模型)，重点是脚本执行的进度	脚本作用于浏览器(模拟用户操作)，执行中需要焦点
第三方扩展	灵活轻巧，支持第三方扩展，公开 DOM 各种技术	功能成熟且强大,但附加组件有限并且需要附加组件的技术
测试报告	没有默认生成测试报告	默认的测试结果生成在工具中
移动测试	支持移动设备	支持第三方工具的移动设备
学习难易程度	资料较少，官方论坛	资料较多

2004 年，诞生了 Selenium Core, Selenium Core 是基于浏览器并且采用 JavaScript 编程语言的测试工具，运行在浏览器的安全沙箱中，设计理念是将待测试产品、Selenium Core 和测试脚本均部署到同一台服务器上来完成自动化测试的工作。2013 年，Selenium RC 诞生，就是 Selenium 1.0。Selenium RC 让待测试产品、Selenium Core 和测试脚本三者分散在不同的服务器上。

Selenium 实际上不是一个测试工具，而是一个工具集，Selenium 1.0 主要由三个核心组件构成：Selenium IDE、Selenium RC(Remote Control)及 Selenium Grid，如表 13.2 所示。

表 13.2　Selenium 1.0 工具集

工　具	描　　述
Selenium IDE	一个 Firefox 插件，用于记录测试工作流程，以记录操作行为
Selenium RC	用于测试浏览器动作的执行
Selenium Grid	用于测试并行执行的工具

Selenium 1.0 工作原理如图 13.1 所示。

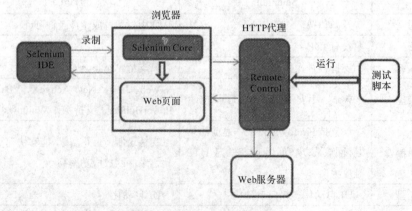

图 13.1　Selenium 1.0 工作原理

Selenium 具有如下优势：

(1) 适合 Web 应用的测试。

(2) 跨平台，支持多操作系统，如 Windows、Linux 等。

(3) 支持多种脚本语言，如 Java、Python 等。

13.1.1　Selenium IDE 简述

Selenium IDE 开发测试脚本的集成开发环境是嵌入到 Firefox 浏览器中的一个插件,可以录制/回放用户的基本操作,生成测试用例,运行单个测试用例或测试用例集。

Selenium IDE 具有如下特点:

(1) 安装简单,使用方便。

(2) 可以对一般网页进行录制和回放。

(3) 可以实现大部分 Selenium 的命令操作。

(4) 能够进行断点回放和速度控制。

(5) 可以方便导出各种类型的脚本。

(6) 脚本可以转换成多种语言。

13.1.2　Selenium Grid

Selenium Grid 用于分布式测试,实现在异构环境中运行测试用例。它由一个主节点和若干个代理节点组成。主节点用来管理各个代理节点的注册和状态信息,接受远程客户端的代码请求,将请求的命令转发到代理节点执行。使用 Selenium Grid 远程执行测试代码与直接调用 Selenium Server 一样,只是环境启动的方式不一样,需同时启动一个主节点和至少一个代理节点。

13.1.3　Selenium RC

Selenium RC(Remote Control)支持多种不同语言编写的自动化测试脚本,通过 Selenium RC 的服务器作为代理服务器去访问应用,从而达到测试的目的。

Selenium RC 包括两部分:Client Libraries 和 Selenium Server。Client Libraries 库提供各种编程语言的客户端驱动来编写测试脚本,用来控制 Selenium Server 的库。Selenium Server 负责控制浏览器行为。

13.1.4　Selenium WebDriver

2007 年,WebDriver 诞生,WebDriver 的设计理念是将端到端测试与底层具体的测试工具分隔开,并采用设计模式 Adapter 适配器来达到目标。Selenium 2 其实是 Selenium RC 和 WebDriver 的合并,Selenium 2.0 = Selenium RC + WebDriver。

WebDriver 一套类库,不依赖于任何测试框架,本身就是一个轻便的自动化测试框架,现已成为业内公认的浏览器 UI 测试的标准实现。

13.2　Selenium IDE

13.2.1　环境搭建

Selenium IDE 有如下两个版本:

(1) 如果使用 2.9.1 的 Selenium IDE，则需要卸载系统的 Firefox 新版本(同时删除 %AppData%/Mozilla/Firefox/Profiles 文件夹)，然后运行提供的绿色火狐浏览器。

(2) Selenium IDE 3.0 以上不提供导出功能，用最新的 katalon 插件能更方便地进行脚本的录制回放和导出(界面和使用与 Selenium IDE 基本相同)。

Selenium IDE 环境搭建步骤如下：

(1) 打开 Firefox 浏览器，按"工具→附件组件→获取添加组件"菜单顺序找到插件安装页面，在搜索栏输入"selenium ide"进行搜索，选择"Selenium IDE"进行安装，如图 13.2 所示。

图 13.2　安装 Selenium IDE

(2) 安装成功后重启 Firefox，在"工具"菜单栏下可以看到"Selenium IDE"菜单项，如图 13.3 所示。

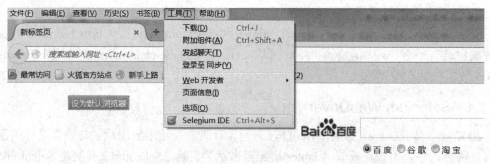

图 13.3　Selenium IDE 安装成功

(3) 打开 Selenium IDE，进入 Selenium IDE 主页面，如图 13.4 所示。

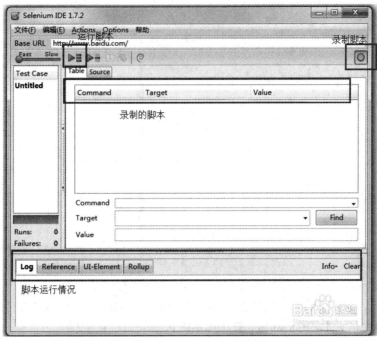

图 13.4　Selenium IDE 主页面

13.2.2　录制

Selenium IDE 录制的步骤如下：

(1) 启动 Firefox 浏览器，输入网址 www.baidu.com。

(2) 从工具菜单中打开 Selenium IDE，Base URL 中将默认为 www.baidul.com，如图 13.5 所示。

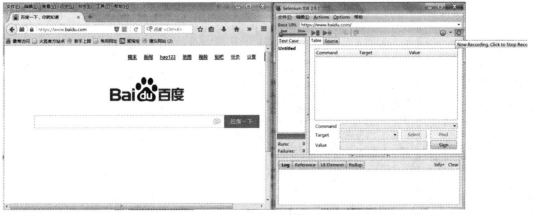

图 13.5　录制功能

(3) 在 Firefox 中进行操作，在百度中输入 Selenium IDE 进行操作，操作行为会被 Selenium IDE 转化为相应的命令，出现在"Table"框中，每一条都由三个部分组成：Command(命令，如单击 click)、Target(目标，即命令的作用对象，如单击选中的按钮)、Value(值，如输入框中的文本字符串)，如图 13.6 所示。

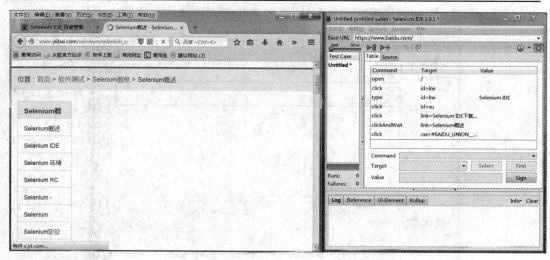

图 13.6　录制功能

(4) 在 Selenium IDE 主页面单击"Base URL"输入框右下方的红色按钮，停止录制。停止录制后会发现在 Selenium IDE 的"Source"框中，可看到类似 HTML 的脚本，即录制过程中生成的测试脚本，用于回放。录制脚本默认生成 HTML 语言，也可打开"Options → Format"菜单选生成其他语言脚本，如 Java、C#、Python、Perl、Php、Ruby 等。录制的脚本要通过"文件"中的功能菜单来保存，如图 13.7 所示。

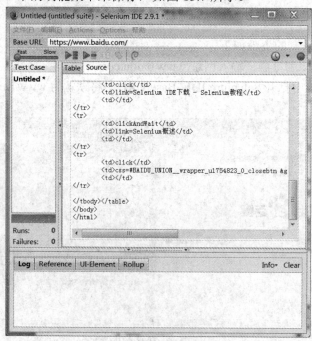

图 13.7　录制功能

13.2.3　回放

在 Selenium IDE 主页面单击"运行脚本"按钮，开始回放后，在 Firefox 浏览器中看到 IDE 在自动回放前录制的动作，如图 13.8 所示。

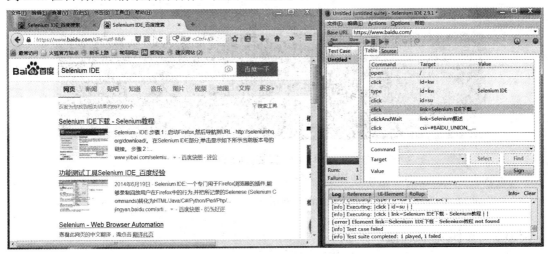

图 13.8　回放功能

回放如图 13.9 所示。

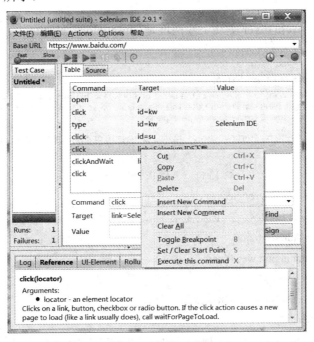

图 13.9　回放功能

13.3　Selenium WebDriver

13.3.1　环境搭建

在安装 Python、Anaconda 之后，WebDriver 安装有如下两种方式：

方式 1:在 Anaconda Prompt 下使用命令 pip install -U selenium,命令成功后,如图 13.10
所示。

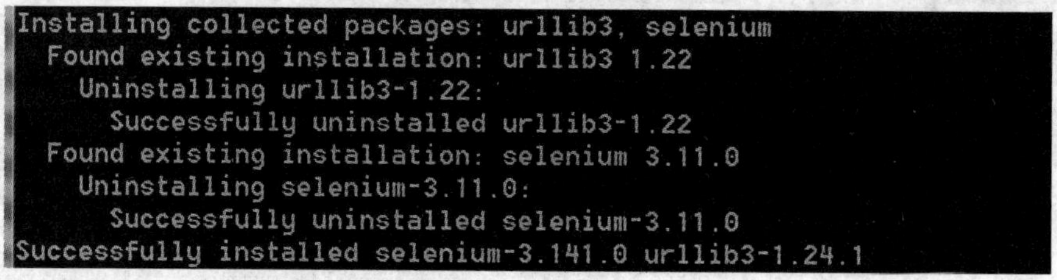

```
Installing collected packages: urllib3, selenium
  Found existing installation: urllib3 1.22
    Uninstalling urllib3-1.22:
      Successfully uninstalled urllib3-1.22
  Found existing installation: selenium 3.11.0
    Uninstalling selenium-3.11.0:
      Successfully uninstalled selenium-3.11.0
Successfully installed selenium-3.141.0 urllib3-1.24.1
```

图 13.10　安装 selenium

方式 2:在命令提示符中使用如下命令。

pip install selenium / pip3 install selenium

13.3.2　多浏览器连接

对于不同的浏览器,如 IE、Chrome、Firefox 等,WebDriver 需要不同的驱动来实现。

1. IE 浏览器

在 IE 浏览器中 WebDriver 驱动下载网址是:http://docs.seleniumhq.org/download,如图
13.11 所示。

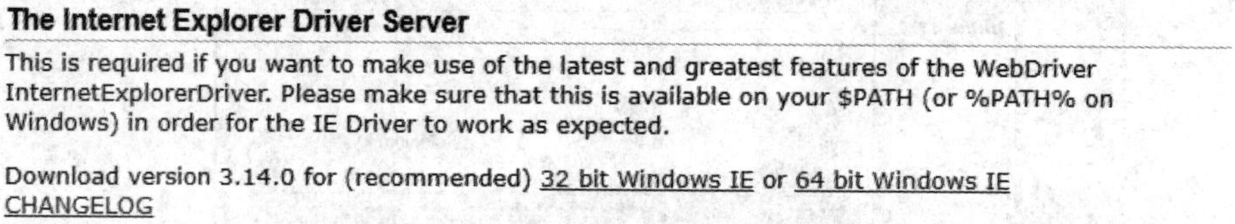

The Internet Explorer Driver Server

This is required if you want to make use of the latest and greatest features of the WebDriver
InternetExplorerDriver. Please make sure that this is available on your $PATH (or %PATH% on
Windows) in order for the IE Driver to work as expected.

Download version 3.14.0 for (recommended) 32 bit Windows IE or 64 bit Windows IE
CHANGELOG

图 13.11　下载 IE Driver Server

下载文件起名为 IE Driver Server.exe,保存在 C:\中。

【例 13-1】　基于 unittest 在 IE 浏览器测试。

```
__author__ = 'Administrator'
from    selenium import webdriver
import unittest
class VisitSogouByIE(unittest.TestCase):
    def setUp(self):
        self.driver = webdriver.Ie(executable_path="C:\\ IEDriverServer")
    def test_visitSogou(self):
        self.driver.get( "http://www.sogou.com")
        print(self.driver.current_url)
    def tearDown(self):
        self.driver.quit()
    if __name__ =='__main__':
        unittest.main()
```

2. Chrome 浏览器

在 Chrome 浏 览 器 中 WebDriver 驱动下载网址是： http://chromedriver.storage. googleapis.com/index.html，如图 13.12 所示。下载文件起名为 ChromeDriverServer.exe，保存在 C:\中。

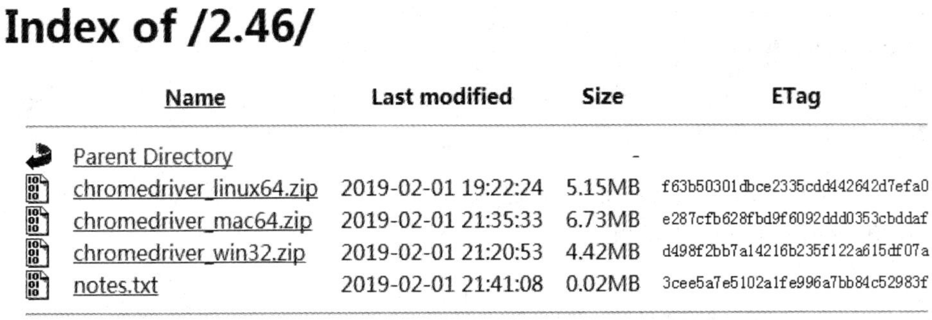

Index of /2.46/

Name	Last modified	Size	ETag
Parent Directory		-	
chromedriver_linux64.zip	2019-02-01 19:22:24	5.15MB	f63b50301dbce2335cdd442642d7efa0
chromedriver_mac64.zip	2019-02-01 21:35:33	6.73MB	e287cfb628fbd9f6092ddd0353cbddaf
chromedriver_win32.zip	2019-02-01 21:20:53	4.42MB	d498f2bb7a14216b235f122a615df07a
notes.txt	2019-02-01 21:41:08	0.02MB	3cee5a7e5102a1fe996a7bb84c52983f

图 13.12　下载 ChromeDriverServer

需注意： Chrome 浏览器的版本要和驱动版本相对应，见如下网址 https://blog.csdn.net/ yoyocat9131/article/details/801380066(2018 Selenium Chrome 版本与 chrome driver 兼容版本对照表)。

【例 13-2】　在 Chrome 浏览器测试。

```
__author__ = 'Administrator'
from   selenium import webdriver
import unittest


class VisitSogouByChrome(unittest.TestCase):
    def setUp(self):
        self.driver = webdriver. Chrome(executable_path="C:\\ ChromeDriverServer")
    def test_visitSogou(self):
        self.driver.get( "http://www.sogou.com")
        print(self.driver.current_url)
    def tearDown(self):
        self.driver.quit()


if __name__=='__main__':
    unittest.main()
```

3. Firefox 浏览器

在 Firefox 浏 览 器 中 WebDriver 驱 动 下 载 网 址 是： https://github.com/mozilla/ geckodriver/releases，如图 13.13 所示。下载文件起名为 geckodriver.exe，保存在 C:\中。

图 13.13　下载 geckodriver

【例 13-3】　在 Firefox 浏览器测试。

```
__author__ = 'Administrator'
from    selenium import webdriver
import unittest
class VisitSogouByFirefox(unittest.TestCase):
    def setUp(self):
        self.driver = webdriver. Firefox (executable_path="C:\\geckodriver")
    def test_visitSogou(self):
        self.driver.get( "http://www.sogou.com")
        print(self.driver.current_url)
    def tearDown(self):
        self.driver.quit()


if __name__=='__main__':
    unittest.main()
```

13.3.3　模拟用户操作

WebDriver 模拟用户操作的方式有 Selenium 自身操作和通过动作链执行模拟操作两种方式。

方式 1：Selenium 自身操作，步骤如下。

(1) 鼠标单击：__(网页中的某个元素).click()。

(2) 清空文本框：clear()。

(3) 向文本框中输入内容或者按键：send_keys(theKey)。

其中，参数 theKey 是 send_keys 模块的变量值，取值如表 13.3 所示。

表 13.3　参数 theKey 取值

模拟键盘按键	说　明
send_keys(Keys.BACK_SPACE)	删除键
send_keys(Keys.SPACE)	空格键

续表

send_keys(Keys.TAB)	制表键
send_keys(Keys.ESCAPE)	回退键
send_keys(Keys.ENTER)	回车键
send_keys(Keys.CONTROL，'a')	全选(Ctrl+A)
send_keys(Keys.CONTROL，'c')	复制(Ctrl+C)
send_keys(Keys.CONTROL，'x')	剪切(Ctrl + X)
send_keys(Keys.CONTROL，'v')	粘贴(Ctrl + V)
send_keys(Keys.F1……Fn)	键盘上的 F1……Fn 键

方式 2：通过动作链执行模拟操作。

动作链由 ActionChains 模块实现，引入命令如下：

　　　　from selenium.webdriver.common.action_chains import ActionChains

步骤 1：调用 ActionChains()类，并将浏览器驱动(WebDriver 对象)作为参数传入。

　　　　action = ActionChains(driver)　　#构造参数是一个 WebDriver 对象

步骤 2：WebDriver 通过 Actions 类进行鼠标、键盘的模拟操作。鼠标模拟操作方法包括左键单击、左键双击、左键按下、左键移动到元素操作、右键单击、组合的鼠标操作(将目标元素拖拽到指定的元素上)等。不同的鼠标操作函数，具体如下：

```
action.click(object)                   #鼠标左键单击，参数 object 是网页中的某个元素
action.double_click(object)            #鼠标左键双击
action.click_and_hold(object)          #鼠标左键按下操作
action.move_to_element(object)         #鼠标左键移动到元素操作(悬停)
action.context_click(object)           #鼠标右键单击操作
action.drag_and_drop(a，b)             #将目标元素 a 拖动到元素 b 上
action.drag_and_drop_by_offset(a，x，y)       #将目标元素 a 拖拽到 x 与 y 位置
action.key_down(value，element=None)          #按下某个键盘上的键
action.key_up(value，element=None)            #松开某个键
action.move_by_offset(xoffset，yoffset)       #鼠标从当前位置移动到某个坐标
action.move_to_element(to_element)            #鼠标移动到某个元素
action.move_to_element_with_offset(to_element，xoffset，yoffset)
#移动到距某个元素(左上角坐标)多少距离的位置
action.release(on_element=None)               #在某个元素位置松开鼠标左键
action.send_keys(*keys_to_send)               #发送某个键到当前焦点的元素
action.send_keys_to_element(element，*keys_to_send) #发送某个键到指定元素
```

步骤 3：操作实行，实现动作链中的所有操作。

```
action.perform()
```

【例 13-4】 ActionChains 示例。

示例网址：http://sahitest.com/demo/clicks.htm，如图 13.14 所示，实现单击按钮后会在文本框中显示所单击的按钮名。

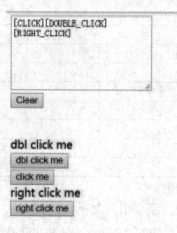

图 13.14　网址运行效果

代码执行如下：

```
from selenium import webdriver
from selenium.webdriver.common.action_chains import ActionChains
from time import sleep
driver = webdriver.Firefox()
driver.implicitly_wait(10)
driver.maximize_window()
driver.get('http://sahitest.com/demo/clicks.htm')

click_btn = driver.find_element_by_xpath('//input[@value="click me"]')          #单击按钮
doubleclick_btn = driver.find_element_by_xpath('//input[@value="dbl click me"]')   #双击按钮
rightclick_btn = driver.find_element_by_xpath('//input[@value="right click me"]')   #右键单击按钮

action = ActionChains(driver)
action.click(click_btn).double_click(doubleclick_btn).context_click(rightclick_btn)
action.perform()

print(driver.find_element_by_name('t2').get_attribute('value'))
sleep(2)
driver.quit()
```

13.4　定位页面元素

Selenium WebDriver 使用 find_element_by_*和 find_elements_by_*定位页面的元素，共有如下 8 种常用的定位方式，分别是 Id、name、tagName、className、linkText、partialLinkText、Xpath 以及 cssSelector，如表 13.4 所示。

表 13.4　8 种页面元素定位方式

定位方法	Python 语言实现
Id 定位	find_element_by_id()
name 定位	find_element_by_name()
tagName 定位	find_element_by_tag_name()
className 定位	find_element_by_class_name()
lintText 定位	find_element_by_link_text()
partialLinkText 定位	find_element_by_partial_link_text()
Xpath 定位	find_element_by_xpath()
cssSelector 定位	find_element_by_css_selector()

13.4.1　Id 定位

【例 13-5】　Id 实现页面元素定位。

被测试网页 HTML 源码如下：

```
<HTML>
  <BODY>
    <label>用户名</label>
    <input id="username"></input>
    <label>密码</label>
    <input id="password"></input>
    <br>
    <button  id="submit">登录</button>
  </BODY>
</HTML>
```

使用 Id 定位语句，代码如下：

```
password= driver.find_element_by_id("password "))
username= driver.find_Element(By="id"，value=" username")
```

13.4.2　name 定位

【例 13-6】　name 实现页面元素定位。

被测试网页 HTML 源码如下：

```
<HTML>
  <BODY>
    <label>用户名</label>
    <input name="username"></input>
    <label>密码</label>
    <input name="password"></input>
    <br>
```

```
    <button   name="submit">登录</button>
  </BODY>
</HTML>
```

使用 name 定位语句，代码如下：

```
password= driver.find_Element_By_name("username "))
```

13.4.3 tagName 定位

【例 13-7】 tagName 实现页面元素定位。

被测试网页 HTML 源码如下：

```
<HTML>
  <BODY>
     <a href="http://www.sougo.com">sogou 搜索</a>
  </BODY>
</HTML>
```

使用 tagName 定位语句，代码如下：

```
a= driver.find_element_by_ tag_name ("a"))
a= driver.find_element (by ="_ tag name"，value="a"))
```

使用 tagName 方法来查找的元素往往不止一个，可以结合 findElements 方法和 type 属性来精准定位。

13.4.4 className 定位

【例 13-8】 className 实现页面元素定位。

被测试网页 HTML 源码如下：

```
<HTML>
  <head>
     <style   type =" text/css">
     input.spread{ FONT-SIZE: 20pt;}
     input.tight{ FONT-SIZE: 10pt;}
  </head>
  <BODY>
     < input class ="spread" type=text> </input>
     < input class ="tight" type=text> </input>
  </BODY>
</HTML>
```

使用 className 定位语句，代码如下：

```
spread= driver.find_element_by_class_name("spread")
tight= driver.find_element_by_class_name("tight ")
```

13.4.5　linkText 定位

【例 13-9】　linkText 实现页面元素定位。

被测试网页 HTML 源码如下：

```
<HTML>
  <BODY>
    <a href=" http://news.baidu.com ">百度新闻</a>
  </BODY>
</HTML>
```

使用 Linktext 定位语句，代码如下：

```
Link= driver.find_element_by_link_text("百度新闻")
```

13.4.6　partialLinkText 定位

【例 13-10】　partialLinkText 实现页面元素定位。

被测试网页 HTML 源码如下：

```
<HTML>
  <BODY>
    <a href=" http://www.baidu.com ">baidu 搜索</a>
  </BODY>
</HTML>
```

使用 IdpartialLinkText 定位语句，代码如下：

```
partialLink = driver.find_element_by_partial_link_text("baidu")
```

13.4.7　Xpath 定位

Xpath 是 XML path 的简称，用于定位页面元素。通过元素和属性进行导航，在 XML 文档中选择节点，查找相关信息。在 Selenium Webdriver 中，Xpath 定位元素必须以 "//" 开头。 例如，//input[@id='ls_username']，其中属性都是以 @ 开头。另外，Xpath 可以使用 contains 或 start-with 关键字实现模糊属性值定位。

【例 13-11】　Xpath 实现页面元素定位。

被测试网页 HTML 源码如下：

```
<HTML>
  <BODY>
    <a href="http://news.baidu.com">新闻</a>
  </BODY>
</HTML>
```

使用 Xpath 定位语句，代码如下：

(1) contains 关键字。

```
driver.find_element_by_xpath("//a[contains(@href，'news')]")
```

(2) start-with 关键字。

```
driver.find_element_by_xpath("//a[starts-with(@href，'http://news')]")
```

13.4.8　cssSelector 定位

css 是 cascading style sheets 的缩写，译为层叠样式表，用于显示 HTML 或 XML 文件。

【例 13-12】 cssSelector 实现页面元素定位。

被测试页面源码如下：

```
<HTML>
    <head>
        <style    type =" text/css">
        input.spread{ FONT-SIZE: 20pt;}
        input.tight{ FONT-SIZE: 10pt;}
    </head>
    <BODY>
        < input class ="spread" type=text> </input>
        < input class ="tight" type=text> </input>
        <a href="http://news.baidu.com">新闻</a>
    </BODY>
</HTML>
```

通过 cssSelector 定位目标元素，代码如下：

```
driver.find_element_by_css_selector("input.spread")
```

第 14 章 移动测试工具 Appium

实验目的：

(1) 理解 Appium 的功能。

(2) 熟练掌握 Appium 的操作步骤。

实验环境：Appium 软件。

14.1 Appium

14.1.1 Appium 简介

Appium 是开源、跨平台的测试框架，支持 iOS 平台和 Android 平台上的移动原生应用、移动 Web 应用和混合应用。Appium 使用与 Selenium 相同的语法，它共享 Selenium 通过移动浏览器自动与网站交互的能力。

"移动原生应用"是指用 iOS 或者 Android SDK 写的应用。

"移动 Web 应用"是指使用移动浏览器访问的应用。

"混合应用"是指原生代码封装网页视图，即原生代码和 Web 内容交互。

Appium 允许测试人员使用同样的接口、基于不同的平台写自动化测试代码，极大地增加了测试套件间代码的复用性。

14.1.2 Appium 的特点

Appium 具有如下特点：

(1) Appium 是 C/S 模式。

(2) Appium 基于 WebDriver 协议对移动设备自动化 API 扩展而成，具有和 WebDriver 一样的特性，比如多语言支持。

(3) Appium 客户端只需要发送 HTTP 请求实现通信，意味着客户端支持多语言。

(4) Appium 服务端是由 Node.js 实现的。Appium 是使用 Node.js 平台编写的"HTTP 服务器"，使用 Webdriver JSON 有线协议驱动 iOS 和 Android 会话。因此，在初始化 Appium Server 之前，必须在系统上预先安装 Node.js。

Appium 作为测试工具的统一调度软件，将不同的测试工具整合在一起，对外提供统一的 API。表 14.1 给出了 Uiautomator 和 Appium 的对比。

表 14.1　　Uiautomator 和 Appium 的对比

	Uiautomator	Appium
是否跨平台	Android	Android、iOS
支持语言	Java	Any

14.2　Appium 环境搭建

Appium 依赖手机端的 SDK Platform 和 Build-tools 两个插件。通过使用 adb 命令实现 Appium 与目标机的通讯。Appium 分为客户端和服务器，首先需要安装服务器，其后安装客户端。

Appium 环境搭建的步骤如下：

(1) 安装 Java 开发环境 JDK。

(2) 安装 Android-sdk。

(3) 安装 Python。

(4) 安装 Node.js。

Node.js 是一个基于 Chrome V14 引擎的 JavaScript 运行环境。下载网址：https://nodejs.org/zh-cn/download/，如图 14.1 所示。

图 14.1　下载 Node.js

在 Dos 命令行界面下，输入 node -v，安装成功会输出版本信息，如图 14.2 所示。

图 14.2　测试安装是否成功截图

安装 Node.js 之后，就可以直接通过 npm 安装 Appium。

(5) 安装 Appium-Server。

方法 1：Node.js 包管理安装。

通过在 cmd 下输入 npm install -g appium 进行安装。

方法 2：进入官网地址并下载。

在 Appium 官网 http://appium.io/下载，如图 14.3 所示。

图 14.3　官网 http://appium.io/截图

将其安装到 D:\Appium_1.4\node_modules\.bin 目录，并在环境变量 path 中进行配置。在 cmd 中输入命令 appium，如果出现如图 14.4 所示的配置信息，则说明配置成功。

图 14.4　配置 Appium

(6) 安装 Appium-Python-Client。

Appium 客户端用于抓取 App 上的定位信息。安装 Appium-Python-Client 的命令是 pip install Appium-Python-Client，运行如图 14.5 所示。

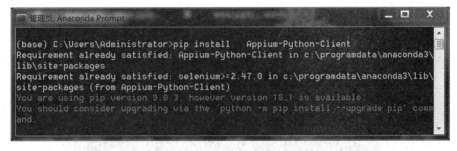

图 14.5　安装 Appium-python-Client

安装 Appium-Python-Client 的同时会安装一个 selenium 模块。进入 Python 3 交互命令行，执行下面的命令：

```
import selenium
selenium.__version__
```

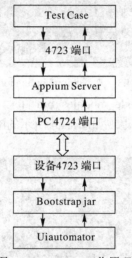

14.3 Appium 工作原理

Appium 的整体架构是 C/S 模式,工作原理如图 14.6 所示。工作原理执行流程具体步骤如下:

(1) 开启 Appium 服务,即 Appium Server,默认监听 4723 端口。在 Appium Client 端编写测试脚本发送给 4723 端口,向 Appium Server 发出请求。

(2) Appium Server 会把请求通过 4724 端口转发给中间件 Bootstrap.jar,Bootstrap.jar 再把 Appium 的命令转换成 Uiautomator 的命令,让 Uiautomator 进行处理。

(3) 由 Bootstrap.jar 将执行结果返回给 Appium Server。

(4) Appium Server 再将结果返回给 Appium Client。

图 14.6   Appium 工作原理

14.4 计 算 器 举 例

关于计算器的例子,执行步骤如下:

(1) 打开 cmd,输入 appium,如图 14.7 所示。

图 14.7   运行 appium

(2) 在 Python 环境下，输入如下脚本：

```
from appium import webdriver
desired_caps = { }
desired_caps['platformName'] = 'Android'
desired_caps['platformVersion'] = '4.4'
desired_caps['deviceName'] = 'Android Emulator'
desired_caps['appPackage'] = 'com.android.calculator2'
desired_caps['appActivity'] = '.Calculator'

driver = webdriver.Remote('http://localhost:4723/wd/hub'，desired_caps)
el = driver.find_element_by_android_uiautomator('text("7")')
el.click()
e2 = driver.find_element_by_android_uiautomator('text("+")')
e2.click()
e3 = driver.find_element_by_android_uiautomator('text("14")')
e3.click()
e3 = driver.find_element_by_android_uiautomator('text("=")')
e3.click()
```

(3) 直接运行脚本，即可看到操作计算器的步骤。

14.5　Appium 与全国大学生软件测试大赛

14.5.1　赛事简介

2016 年，教育部软件工程专业教学指导委员会、中国计算机学会软件工程专业委员会、中国软件测评机构联盟、中国计算机学会系统软件专业委员会和中国计算机学会容错计算专业委员会联合举办了首届"全国大学生软件测试大赛"。大赛旨在建立软件产业和高等教育资源的对接，探索产教研融合的软件测试专业培养体系，进一步推进高等院校软件测试专业建设，深化软件工程实践教学改革。

全国大学生软件测试大赛包括移动测试，通过使用 Appium 进行测试，评分标准如下：

(1) 按照测试用例(设计文档+执行日志)跟测试需求之间的匹配度和完整性进行评分。

(2) 按照测试报告 Bug 描述的准确性和完整性进行评分。

(3) 按照 Appium 脚本对测试模块对象的覆盖度进行自动化评分。

(4) 进行 Appium 脚本的健壮性评分，将测试脚本在 20 台机型上自动执行，以统计失效率。

14.5.2　幕测环境配置

登录幕测官网 http://www.mooctest.net/，如图 14.8 所示。

图 14.8　登录幕测官网 http://www.mooctest.net/

登录后，单击"工具下载"，配置 Eclipse 环境，如图 14.9 所示。

图 14.9　幕测官网工具下载

14.5.3　参赛流程

登录幕测官网，选择查看详情，可以看到密钥，如图 14.10 所示。

复制密钥，打开安装有 MoocTest 插件的 Eclipse，输入密钥后，如图 14.11 所示。

选择"MoocTest"→"Download"下载试题，如图 14.12 所示。

进入脚本编写页面，如图 14.13 所示。

在 DOS 命令行中输入 adb devices 。如果结果如图 14.14 所示，则表示连接成功。

启动 Appium 服务，在 Eclipse 中选择"MoocTest"→"Run and Submit"进行运行提交并打分，如图 14.15 所示。

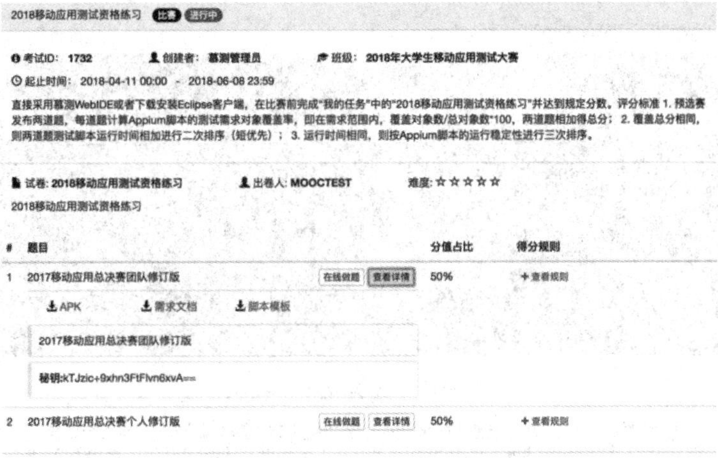

图 14.10　查看个人密钥

图 14.11　输入密钥图

图 14.12　下载试题

图 14.13　脚本编写截图

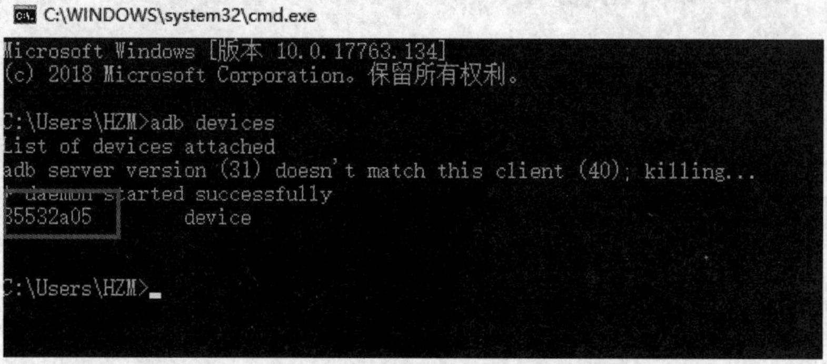

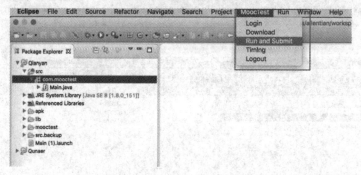

图 14.14 输入 adb devices

图 14.15 Appium 的启动服务

14.5.4 竞赛题目

测试项目的创建步骤如下:

(1) 打开 Eclipse 新建一个 Java Project,取名为 Test。

(2) 右键单击项目,单击"Build Path",选择"Add Library"的"User Library",如图 14.16 所示。

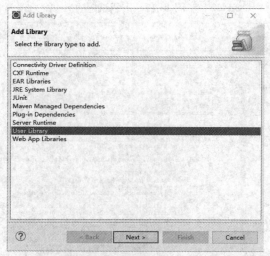

图 14.16 选择 Add Library 的 User Library

（3）在图 14.16 中单击"Next"按钮，选择"User Libraries"，单击"New"创建三个 library，如图 14.17 所示。

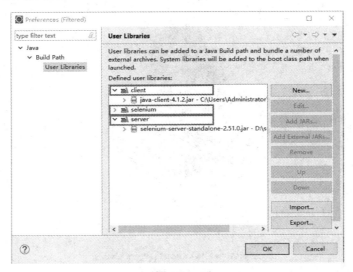

图 14.17　创建三个 library

① client：创建了 client，单击"Add External JARs"，找到之前下载好的 java-client- 4.1.2.jar。

② server：导入的是之前下载好的 selenium-server-standalone-2.51.0.jar。

③ selenium：导入的是之前下载好的 selenium-2.51.0 里面 libs 下的所有 jar 包，最好把 libs 文件夹外面的 jar 包也都导入。

（4）将创建的三个 library 全部选中导入到项目里面。

（5）将下载的 dx.jar，shrinkedAndroid.jar，apkUtil.jar 都通过 Build Path 中的 add External jars 导入到项目里面。

（6）在 Text 项目下新建名为 lib 的文件夹，直接复制两个文件到 lib 文件夹下，分别是 aapt 和 aapt.exe

（7）在 lib 文件夹下新建名为 lib 的包，将之前下载的所有的.so 文件复制到该包下。至此，项目结构如图 14.18 所示。

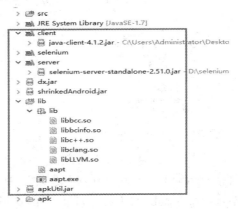

图 14.18　项目结构

针对待测软件编写测试脚本，详细步骤如下：

(1) 由"全国大学生软件测试大赛"下载大角虫软件的安装包，即.apk 文件 (该 apk 是一个漫画阅读类软件，仅做测试用)，取名为 DAJIAOCHONG.apk，如图 14.19 所示。

图 14.19　大角虫软件的安装包

(2) 在 Test 项目下新建名为 apk 的文件夹，直接将 dajiaochong.apk 文件复制过来。

(3) 在 src 文件夹下创建名为 com.mooctest 的包，java 文件命名为 Main.java。项目结构如图 14.20 所示。

图 14.20　项目结构

(4) 将 android 手机连接到电脑上，开启"开发者选项"，打开"USB 调试"功能，如图 14.21 所示。在 cmd 中输入命令 adb devices，如果 SDK 安装配置成功，则会出现该手机的 udid 号，表示手机连接成功。

图 14.21　打开 USB 调试功能

(5) 打开 Appium，进入设置页面，如图 14.22 所示。

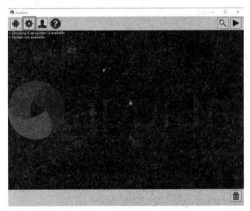

图 14.22　Appium 的设置页面

(6) 设置 Server Address 为 127.0.0.1，设置 port 为 8080，如图 14.23 所示。

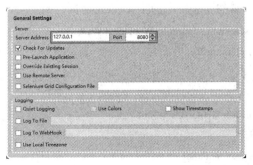

图 14.23　设置服务器网址和端口

(7) 启动 Appium，如图 14.24 所示。

图 14.24　启动 Appium

(8) 编写如下测试脚本：

```
package com.mooctest;

import com.sinaapp.msdxblog.apkUtil.entity.ApkInfo;
import com.sinaapp.msdxblog.apkUtil.utils.ApkUtil;

import io.appium.java_client.AppiumDriver;
import io.appium.java_client.FindsByAndroidUIAutomator;
import io.appium.java_client.android.AndroidDriver;

import org.omg.CORBA.TIMEOUT;
import org.openqa.selenium.WebDriver;
import org.openqa.selenium.WebElement;
import org.openqa.selenium.remote.CapabilityType;
import org.openqa.selenium.remote.DesiredCapabilities;
import org.openqa.selenium.remote.UnreachableBrowserException;
import org.openqa.selenium.support.ui.ExpectedCondition;
import org.openqa.selenium.support.ui.WebDriverWait;
import org.openqa.selenium.By;

import java.io.File;
import java.net.MalformedURLException;
import java.net.URL;
import java.util.concurrent.TimeUnit;
import java.util.*;
```

```
/**
 * 测试类，只需要在 test()函数中完成测试脚本，本次以大甲虫软件为例完成登录功能
 * @author Cheng Song
 * @version 1.0.0
 */
public class Main {
        /*
         * port 是在 Appium 中配置好的端口，可自行修改
         */
        private String port = "140140";
        /*
         * 需要测试的软件 apk 安装包，直接替换即可，同时需要将 apk 文件放入 apk 文件夹下
         */
        private String appPath = "apk" + File.separator + "dajiaochong.apk";
        /*
         * apk 文件的包名以及启动时的首个 Activity
         */
        private String appPackage;
        private String appActivity;
        /*
         * 请将手机的 udid 手动赋值给 deviceUdid，连接好手机后，在 cmd 中通过 adb devices
           获得，直接替换
         */
        private String deviceUdid = "DUA6P7O799999999";

        //直接使用 driver 进行各类操作，所有的测试脚本将在该函数内完成
        private void test(AppiumDriver driver) {
            System.out.println("正在执行你的脚本逻辑");
            System.out.println("执行脚本");

            /* TODO
             * 以下将使用最常用的几种控件获取方式来演示
             * 1.findElement(By.id("****"))
             * 2.findElement(By.name("****"))
             * 3.findElement(By.className("****"))
             * 4.findElement(By.xpath("****"))
            * 5.切记 UI Automator 中的 index 不能用来定位控件
            * 6.使用 swipe 来完成滑动手势
```

```
    */
    /*
    * 1.此处使用 UI  Automator  中看到的"我的"按钮的 resource-id 的值
        "cn.kidstone.cartoon:id/rbtn_mine"来定位控件
    * 如实验步骤中图示，还可以直接写成 "rbtn_mine"
    * 然后完成 click()点击事件
    */
WebElement cancle = driver.findElementById("cn.kidstone.cartoon:id/cancel_txt");
cancle.click();
WebElement mine = driver.findElement(By.id("cn.kidstone.cartoon:id/rbtn_mine"));
mine.click();
    /*
    * 2.此处使用 UI Automator 中看到的 "登录" 按钮的 text 的值"登录"来定位控件
    * 然后完成 click()点击事件
    */
WebElement login = driver.findElement(By.xpath(".//*[@text='登  录']"));
login.click();
    /*
    * 3.此处使用 UI Automator 中看到的 class 类来定位控件
    * 由于此处有 "用户名" 和 "密码" 两个 EditText 类(第一个是用户名，第二个是密码)
    * 然后使用 sendKeys()依次赋值(此处使用已经注册好的用户名(我的手机号)和密码)
    */
WebElement username = (WebElement) driver.findElements (By.className("android.
widget.EditText")).get(0);
    username.sendKeys("159299499214");
    WebElement password = (WebElement) driver.findElements(By.className("android.
widget.EditText")).get(1);
    password.sendKeys("1234567149");
    /*
    * 4.此处使用 UI Automator 中看到的 xpath 类来定位控件
    * 在 UI Automator 中选中登录按钮，然后从登录 Button 依次往它的父控件找，
        直到找到全局唯一的父控件为止
    * 然后完成 click()点击事件
    */
WebElement finalLogin = driver.findElement(By.xpath("//android.widget.ScrollView/" +
        "android.widget.RelativeLayout/" +
        "android.widget.LinearLayout/" + "android.widget.Button"));
finalLogin.click();
    /*
```

```
        * 5.此处使用 UI Automator 中看到的 xpath 类来定位"收藏"控件
        * xpath 还能如此使用，By.xpath(".//*[@****]")
        * 然后完成 click()点击事件
        */
WebElement collect = driver.findElement(By.xpath(".//*[@text='收藏']"));
collect.click();


    /*
        * 6.获得屏幕的宽和高，然后使用 swipe()来完成滑动，swipe 中的参数含义如下：
        * 起点的 x，y 坐标，终点的 x，y 坐标，滑动的时间(是匀速滑动)
        * swipe(start_point_x，start_point_y，end_point_x，end_point_y，time)
        * 这里向右滑动
        */
    int width = driver.manage().window().getSize().width;
        int height = driver.manage().window().getSize().height;
        driver.swipe(width*4/5，height/2，width/5，height/2，1000);
    }

public static void main(String[] args)
{
        Main example = new Main();
        example.execute();
}

private void execute()
{
        getApkInformation();
        AppiumDriver driver = setUp();
        if (driver != null)
        {
            test(driver);
        } else
        {
            System.err.println("服务器未开启");
        }
}

private void getApkInformation() {
        ApkInfo apkInfo=null;
```

```
        try {
            apkInfo = new ApkUtil().getApkInfo(appPath);
        } catch (Exception e) {
            e.printStackTrace();
        }

        appPackage =apkInfo.getPackageName();
        appActivity=apkInfo.getLaunchableActivity();
        System.out.println("the apk package is " + appPackage + " and the activity is " + appActivity);
    }

    private AppiumDriver setUp() {

        File file = new File(appPath);
        String path = file.getAbsolutePath();          //获得 apk 文件的绝对路径
        DesiredCapabilities capabilities = new DesiredCapabilities();

        capabilities.setCapability(CapabilityType.BROWSER_NAME，  "");
        /*
         * platformName：设置测试所用的平台类型
         * deviceName：设置设备名称，可以随便取名，最好使用"Android Emulator"
         */
        capabilities.setCapability("platformName"，  "Android");
        capabilities.setCapability("deviceName"，  "Android Emulator");
        /*
         * platformVersion：设置测试平台的版本
         * app：设置 apk 文件的绝对路径
         */
        capabilities.setCapability("platformVersion"，  "4.3");
        capabilities.setCapability("app"，  path);
        /*
         * appPackage：设置 app 的包名
         * appActivity：设置 app 启动时首个 Activity 名
         * udid：设置连接的手机设备的 id
         */
        capabilities.setCapability("appPackage"，  appPackage);
        capabilities.setCapability("appActivity"，  appActivity);
        capabilities.setCapability("udid"，  deviceUdid);
        /*
```

```
 * unicodeKeyboard，resetKeyboard 是用来安装 appium 的输入法的
 * 为了避免手机自带的输入法可能出现的问题，最好设置这两个属性
 */
capabilities.setCapability("unicodeKeyboard"，true);
capabilities.setCapability("resetKeyboard"，true);

AppiumDriver driver = null;
boolean success = false;
int num = 1;
while (!success && num <=2) {
    try {
        driver = new AndroidDriver<>(new URL("http://127.0.0.1:" + port +
        "/wd/hub")，capabilities);
        success = true;
    } catch (MalformedURLException e1) {
        e1.printStackTrace();
    } catch (UnreachableBrowserException e) {
        System.out.println("appium 服务器未开启，请手动开启");
    }
    num ++;
}
/*
 * 隐式时间等待，此处设置将作用于所有控件，用来设置一定的等待时间，防
   止某些控件还没加载出来而出现错误
 */
driver.manage().timeouts().implicitlyWait(30，TimeUnit.SECONDS);
return driver;
    }
}
```

附录 A　四级软件测试工程师考试简介

一、概述

全国计算机等级考试四级软件测试工程师或简称四级软件测试工程师是全国计算机等级考试中四级的一类，属于计算机技术与软件专业资格(水平)考试的中级，每年只有上半年才有。考试分上午题和下午题。上午题主要是考基础理论，下午题考实际工作经验。它主要考核软件测试的基本概念、结构覆盖测试、功能测试、单元测试、集成测试、系统测试、软件性能测试、可靠性测试、面向对象软件测试、Web 应用软件测试以及兼容性测试、构件测试、极限测试和文档测试。计算机四级软件测试工程师的合格考生应具有软件工程和软件质量保证的基础知识，掌握软件测试的基本理论、方法和技术，理解软件测试的规范和标准，熟悉软件测试过程；具备制订软件测试计划和大纲、设计测试用例、选择和运用测试工具、执行软件测试、分析和评估测试结果以及参与软件测试过程管理的能力，满足软件测试岗位的要求。

软件测试工程师考试基本要求如下：

(1) 熟悉软件质量、软件测试及软件质量保证的基础知识；

(2) 掌握代码检查、走查与评审的基本方法和技术；

(3) 掌握白盒测试和黑盒测试的测试用例的设计原则和方法；

(4) 掌握单元测试和集成测试的基本策略和方法；

(5) 了解系统测试、性能测试和可靠性测试的基本概念和方法；

(6) 了解面向对象软件和 Web 应用软件测试的基本概念和方法；

(7) 掌握软件测试过程管理的基本知识和管理方法；

(8) 熟悉软件测试的标准和文档；

(9) 掌握 QESuite 软件测试过程管理平台以及 QESat/C++软件分析和工具的使用方法。

1. 题型分析

理论试卷的题型由选择题和填空题组成。选择题和填空题一般是对基本知识和基本操作进行考查的题型，它主要是测试考生对相关概念的掌握、理解是否准确，认识是否全面，思路是否清晰，而很少涉及对理论知识的应用。上机考试主要考查考生对编程语言的掌握情况。具体地说，考试时应注意以下几个方面：

1) 选择题分析

选择题为单选题，是客观性试题，每道题的分值为 2 分，试题覆盖面广，一般情况下考生不可能做到对每个题目都有把握答对。这时，考生需要学会放弃，先易后难，对不确定的题目不要花费太多的时间，四级笔试题目众多，分值分散，考生一定要有全局观，合理地安排考试时间。

绝大多数选择题的设问是正确观点，称为正面试题；如果设问是错误观点，则称为反面试题。考生在作答选择题时可以使用一些答题方法，以提高答题准确率。

(1) 正选法(顺选法)：如果对答案中的 4 个选项，一看就能肯定其中的 1 个是正确的，就可以直接得出答案。注意，必须要有百分之百的把握才行。

(2) 逆选法(排谬法)：逆选法是将错误答案排除的方法。对答案中的 4 个选项，知道其中的 1 个(或 2 个、3 个)是错误的，可以使用逆选法，即排除错误选项。

(3) 比较法(蒙猜法)：这种办法是没有办法的办法。

2) 填空题分析

填空填一般难度都比较大，一般需要考生准确地填入字符，往往需要非常精确，错一个字也不得分。作答填空题时要注意以下几点：

(1) 答案要写得简洁明了，尽量使用专业术语。

(2) 认真填写答案，字迹要工整、清楚，格式要正确，把答案填写到答题卡上后，尽量不要涂改。

(3) 答题卡上填写答案时，一定要注意题目的序号，不要弄错位置。

(4) 对于那些有两种答案的填空题，只需填一种答案就可以了，多填并不多给分。

3) 上机试题分析

上机考试重点考查考生的基本操作能力和程序编写能力，要求考生具有综合运用基础知识进行实际操作的能力。上机试题综合性强、难度较大。上机考试的评分是以机评为主，人工复查为辅的。

上机考试应注意以下几点：

(1) 对于上机考试的复习，切不可"死记硬背"。考生一定要在熟记基本知识点的基础上，加强编程训练，加强上机训练，从历年试题中寻找解题技巧，理清解题思路，将各种程序结构反复练习。

(2) 在考前，一定要重视等级考试模拟软件的使用。在考试之前，应使用等级考试模拟软件进行实际的上机操作练习，尤其要做一些具有针对性的上机模拟题，以便熟悉考试题型，体验真实的上机环境。

(3) 学会并习惯使用帮助系统。每个编程软件都有较全面的帮助系统，熟练掌握帮助系统，可以使考生减少记忆量，解决解题中的疑难问题。

4) 理论考试综合应试分析

(1) 注意审题。命题人出题是有针对性的，考生在答题时也要有针对性。在解答之前，除了要弄清楚问题，还有必要弄清楚命题人的意图，从而能够针对问题从容做答。

(2) 先分析，后下笔。明白了问题是什么以后，先把问题在脑海里过一遍，考虑好如何作答后，再依思路从容做答。

(3) 对于十分了解或熟悉的问题，切忌粗心大意，而应认真分析，识破命题人设下的障眼法，针对问题，清清楚楚地写出答案。

(4) 对于不确定的题目，要静下心来，先弄清命题人的意图，再根据自己已掌握的知识的"蛛丝马迹"综合考虑，争取多拿一分是一分。

(5) 对于偶尔碰到的、以前没有见到过的问题或是虽然在复习中见过但已完全记不清的问题，也不要惊慌，关键是要树立信心，将自己的判断同书本知识联系起来做答。

(6) 对于完全陌生的问题，实在不知如何根据书本知识进行解答时，就可完全放弃书本知识，用自己的思考和逻辑推断作答。由于这里面有不少猜测的成分，能得几分尚不可知，故不可占用太多的时间。

(7) 理论考试时应遵循的大策略是：确保选择，力争填空。

总之，考试要取得好成绩，从根本上取决于考生对应试内容掌握的扎实程度。在比较扎实地掌握了应试内容的前提下，了解一些应试的技巧则能起到使考试成绩锦上添花的作用。

2. 考试方式

全国计算机等级考试四级软件测试工程师包括如下内容：

首先包括软件测试基本原理、测试方法、技术基础知识部分，采用笔试考试，考试时间 120 分钟，满分 100 分。

然后包括软件测试工程实践部分，上机操作完成下列内容：

(1) 软件测试过程管理实践，包括测试设计、测试准备、测试用例的执行、软件问题报告的填写、软件问题的跟踪解决。

内容描述：

① 给定一个被测系统的描述，要求建立测试项目组、分配人员角色、进行系统功能分解、编写测试用例。

② 执行测试，对于发现的测试问题填写软件问题报告。

③ 作为测试/开发人员，追踪处理问题报告的状态转换，直至问题的解决。

④ 整个过程通过 QESuite 软件测试过程管理平台进行。

(2) 白盒测试实践。针对给定的被测程序设计测试用例进行测试，达到要求的语句覆盖率和分支覆盖率。

内容描述：

① 对于给定的 C 语言被测程序，编写测试用例。

② 使用 QESAT/C++白盒测试工具进行静态分析并插桩被测程序。

③ 执行测试用例，进行动态测试。

④ 使用 QESAT/C++白盒测试工具检查测试覆盖率，直到达到所要求覆盖率。

(3) 上机考试时间 120 分钟；满分 100 分。注：上机考试暂不要求，上机操作考核在笔试中体现。

3. 应试技巧

针对考试大纲和考试要求进行复习，应注意以下几个方面：

1) 牢固、清晰地掌握基本知识和理论

"四级"考试的重点是实际应用和操作，但其前提条件是对基本知识点的掌握。那么，考生正确地理解基本概念和原理便是通过考试的关键。应从以下三方面进行复习：

(1) 在复习过程中要注意总结，只有通过综合比较、总结提炼才容易在脑海中留下清晰的印象和轮廓；

(2) 对一些重要概念的理解要准确，尤其是一些容易混淆的概念；

(3) 通过联想记忆复习各考点，软件测试的知识点是相互联系的。

2) 选择的习题要有针对性，切不可进行"题海战术"

考生应根据考试大纲，在复习时适当地做一些与"四级"考试题型相同的题。研究过去、认识现在无疑是通过考试的一个重要的规律和诀窍，这么做可以使考生较快地熟悉考试题型，掌握答题技巧，从而能在最短的时间内收到最明显的效果，将往年习题进行适当分类整理，要通过做题掌握相关的知识点，要真正做到"举一反三"。

3) 复习笔试，上机实践

复习笔试中有关程序设计的题目的最佳方法是上机操作，把程序在计算机上进行调试运行。

二、内容介绍

1. 考试说明

(1) 考试要求如下：

① 熟悉计算机基础知识；

② 熟悉操作系统、数据库、中间件、程序设计语言基础知识；

③ 熟悉计算机网络基础知识；

④ 熟悉软件工程知识，理解软件开发方法及过程；

⑤ 熟悉软件质量及软件质量管理基础知识；

⑥ 熟悉软件测试标准；

⑦ 掌握软件测试技术及方法；

⑧ 掌握软件测试项目管理知识；

⑨ 掌握 C 语言及 C++或 Java 语言程序设计技术；

⑩ 了解信息化及信息安全基础知识；

⑪ 熟悉知识产权相关法律、法规；

⑫ 正确阅读并理解相关领域的英文资料。

(2) 通过本考试的合格人员能在掌握软件工程与软件测试知识基础上，运用软件测试管理办法、软件测试策略、软件测试技术，独立承担软件测试项目；具有工程师的实际工作能力和业务水平。

(3) 本考试设置的科目包括：

① 软件工程与软件测试基础知识，考试时间为 150 分钟，笔试，选择题；

② 软件测试应用技术，考试时间为 150 分钟，笔试，问答题。

2. 考试大纲及考试重点

1) 考试科目 1：软件工程与软件测试基础知识

(1) 计算机系统基础知识。

① 计算机系统构成及硬件基础知识。

• 计算机系统的构成。

• 处理机。

• 基本输入/输出设备。

• 存储系统。

② 操作系统基础知识。

· 操作系统的中断控制、进程管理、线程管理。

· 处理机管理、存储管理、设备管理、文件管理、作业管理。

· 网络操作系统和嵌入式操作系统基础知识。

· 操作系统的配置。

③ 数据库基础知识。

· 数据库基本原理。

· 数据库管理系统的功能和特征。

· 数据库语言与编程。

④ 中间件基础知识。

⑤ 计算机网络基础知识。

· 网络分类、体系结构与网络协议。

· 常用网络设备。

· Internet 基础知识及其应用。

· 网络管理。

⑥ 程序设计语言知识。

· 汇编、编译、解释系统的基础知识。

· 程序设计语言的基本成分(数据、运算、控制和传输、过程(函数)调用)。

· 面向对象程序设计。

· 各类程序设计语言的主要特点和适用情况。

· C 语言以及 C++(或 Java)语言程序设计基础知识。

(2) 标准化基础知识。

· 标准化的概念(标准化的意义、标准化的发展、标准化机构)。

· 标准的层次(国际标准、国家标准、行业标准、企业标准)。

· 标准的类别及生命周期。

(3) 信息安全知识。

· 信息安全基本概念。

· 计算机病毒及防范。

· 网络入侵手段及防范。

· 加密与解密机制。

(4) 信息化基础知识。

· 信息化相关概念。

· 与知识产权相关的法律、法规。

· 信息网络系统、信息应用系统、信息资源系统基础知识。

(5) 软件工程知识。

① 软件工程基础。

· 软件工程概念。

· 需求分析。

· 软件系统设计。

- 软件组件设计。
- 软件编码。
- 软件测试。
- 软件维护。

② 软件开发方法及过程。

- 结构化开发方法。
- 面向对象开发方法。
- 瀑布模型。
- 快速原型模型。
- 螺旋模型。

③ 软件质量管理。

- 软件质量及软件质量管理概念。
- 软件质量管理体系。
- 软件质量管理的目标、内容、方法和技术。

④ 软件过程管理。

- 软件过程管理概念。
- 软件过程改进。
- 软件能力成熟度模型。

⑤ 软件配置管理。

- 软件配置管理的意义。
- 软件配置管理的过程、方法和技术。

⑥ 软件开发风险基础知识。

- 风险管理。
- 风险防范及应对。

⑦ 软件工程有关的标准。

- 软件工程术语。
- 计算机软件开发规范。
- 计算机软件产品开发文件编制指南。
- 计算机软件需求规范说明编制指南。
- 计算机软件测试文件编制规范。
- 计算机软件配置管理计划规范。
- 计算机软件质量保证计划规范。
- 数据流图、程序流程图、系统流程图、程序网络图和系统资源图的文件编制符号及约定。

(6) 软件评测师职业素质要求。

- 软件评测师职业特点与岗位职责。
- 软件评测师行为准则与职业道德要求。
- 软件评测师的能力要求

(7) 软件评测知识。

① 软件测试基本概念。

- 软件质量与软件测试。
- 软件测试定义。
- 软件测试目的。
- 软件测试原则。
- 软件测试对象。

② 软件测试过程模型。

- V 模型。
- W 模型。
- H 模型。
- 测试模型的使用。

③ 软件测试类型。

- 单元测试、集成测试、系统测试。
- 确认测试、验收测试。
- 开发方测试、用户测试、第三方测试。
- 动态测试、静态测试。
- 白盒测试、黑盒测试、灰盒测试。

④ 软件问题分类。

- 软件错误。
- 软件缺陷。
- 软件故障。
- 软件失效。

⑤ 测试标准。

- 7.5.1 GB/T 16260.1 — 2003 软件工程 产品质量 第 1 部分：质量模型。
- 7.5.2 GB/T 18905.1 — 2002 软件工程 产品评价 第 1 部分：概述。
- 7.5.3 GB/T 18905.5 — 2002 软件工程 产品评价 第 5 部分：评价者用的过程。

(8) 软件评测现状与发展。

- 国内外现状。
- 软件评测发展趋势

(9) 专业英语。

- 正确阅读并理解相关领域的英文资料。

2) 考试科目 2：软件测试应用技术

(1) 软件生命周期测试策略。

① 设计阶段的评审。

- 需求评审。
- 设计评审。
- 测试计划与设计。

② 开发与运行阶段的测试。

- 单元测试。

- 集成测试。
- 系统(确认)测试。
- 验收测试。

(2) 测试用例设计方法。

① 白盒测试设计。

- 白盒测试基本技术。
- 白盒测试方法。

② 黑盒测试用例设计。

- 测试用例设计方法。
- 测试用例的编写。

③ 面向对象测试用例设计。

④ 测试方法选择的策略。

- 黑盒测试方法选择策略。
- 白盒测试方法选择策略。
- 面向对象软件的测试策略。

(3) 软件测试技术与应用。

① 软件自动化测试。

- 软件自动化测试基本概念。
- 选择自动化测试工具。
- 功能自动化测试。
- 负载压力自动化测试。

② 面向对象软件的测试。

- 面向对象测试模型。
- 面向对象分析的测试。
- 面向对象设计的测试。
- 面向对象编程的测试。
- 面向对象的单元测试。
- 面向对象的集成测试。
- 面向对象的系统测试。

③ 负载压力测试。

- 负载压力测试基本概念。
- 负载压力测试解决方案。
- 负载压力测试指标分析。
- 负载压力测试实施。

④ Web 应用测试。

- Web 应用的测试策略。
- Web 应用设计测试。
- Web 应用开发测试。
- Web 应用运行测试。

⑤ 网络测试。

· 网络系统全生命周期测试策略。

· 网络仿真技术。

· 网络性能测试。

· 网络应用测试。

⑥ 安全测试。

· 测试内容。

· 测试策略。

· 测试方法。

⑦ 兼容性测试。

· 硬件兼容性测试。

· 软件兼容性测试。

· 数据兼容性测试。

· 新旧系统数据迁移测试。

· 平台软件测试。

⑧ 易用性测试。

· 功能易用性测试。

· 用户界面测试。

⑨ 文档测试。

· 文档测试的范围。

· 用户文档的内容。

· 用户文档测试的要点。

· 用户手册的测试。

· 在线帮助的测试。

(4) 测试项目管理。

· 测试过程的特性与要求。

· 软件测试与配置管理。

· 测试的组织与人员。

· 测试文档。

· 软件测试风险分析。

· 软件测试的成本管理。

三、相关资料

[1] 张友生. 软件评测师考试考点分析与真题详解 [M]. 北京：电子工业出版社，2005.

[2] 教育部考试中心. 全国计算机等级考试四级教程：软件测试工程师[M]. 北京：高等教育出版社，2007.

[3] 王健，苗勇，刘郢. 软件测试员培训教材[M]. 北京：电子工业出版社，2003.

[4] 蔡为东. 软件测试工程师面试指导[M]. 北京：科学出版社，2007.

附录 B　各章习题参考答案

第 1 章　软件测试概论

一、选择题

题号	1	2	3	4	5	6	7	8	9	10
答案	C	B	ABC	ABC	B	A	D	C	A、BC、D	D

二、判断题

题号	1	2	3	4	5	6	7	8	9	10
答案	×	×	√	×	×	×	√	√	√	√

三、简答题

1. **软件测试的目的是什么？**

【答】软件测试的目的主要包括以下三点：

(1) 以最少的人力、物力、时间找出软件中潜在的各种缺陷和错误，通过修正错误和缺陷来提高软件质量，回避潜在的软件错误和缺陷给软件造成的商业风险。

(2) 通过分析测试过程中发现的问题可以帮助开发人员发现当前开发工作所采用的软件过程的缺陷，以便进行软件过程改进；同时通过对测试结果的分析整理，可以修正软件开发规则，并为软件可靠性分析提供相关的依据。

(3) 评价程序或系统的属性，对软件质量进行度量和评估，以验证软件的质量是否满足用户的需求，为用户选择、接收软件提供有力证据。

2. **软件测试的原则包括什么内容？**

【答】软件产品不同于一般的产品，它有自身独特的特点，下面是软件测试的一些原则。

(1) 软件测试是证伪而非证真。

软件测试是为了发现错误而执行程序过程，软件测试成功并不能说明软件不存在问题。

(2) 尽早地和不断地进行软件测试。

软件开发各个阶段工作的多样性，以及参加开发各种层次人员之间工作的配合关系等因素使得开发的每个环节都可能产生错误。软件测试应在软件开发的需求分析和设计阶段就开始测试工作，编写相应的测试文档，坚持在软件开发的各个阶段进行技术评审和验证，这样才能尽早发现和预防错误，以较低的代价修改错误，提高软件质量。

(3) 重视无效数据和非预期的测试。

软件产品中暴露出来的许多问题常常是当软件产品以某些非预期的方式运行时导致的。因此，测试用例的编写不仅应当根据有效和遇到的输入情况，而且也应当根据无效和异常情况。

(4) 程序员应避免检查自己的程序。

人们具有不愿否定自己的心理，而这一心理状态使得程序员不能检查自己的程序。

(5) 充分注意测试中的群集现象。

经验表明，测试后程序中残存的错误数目与该程序中已发现的错误数目或检错率成正比。根据这个规律，若发现错误数目多，则残存错误数目也比较多，这就是错误群集性现象。

(6) 用例要定期评审，适时补充修改用例。

测试用例多次重复使用后，其发现缺陷的能力会逐渐降低。因此，测试用例需要进行定期评审和修改，不断增加新的不同的测试用例来发现潜在的更多的缺陷。

(7) 应当对每一个测试结果做全面检查。

不仔细全面地检查测试结果，就会使缺陷或错误被遗漏掉，因此，必须对预期的输出结果明确定义，对测试结果仔细分析检查。

(8) 测试现场保护和资料归档。

出现问题时要保护好现场，并记录足够的测试信息，以备缺陷能够复现。

3. V 模型和 W 模型各自的优缺点是什么？

【答】V 模型反映了测试活动与开发活动的关系，标明测试过程中存在的不同级别，并清楚描述测试的各个阶段和开发过程的各个阶段之间的对应关系。但是 V 模型仅把测试过程作为在需求分析、概要设计、详细设计及编码之后的一个阶段，主要针对程序进行寻找错误的活动，而忽视了测试活动对需求分析、系统设计等活动的验证和确认的功能。

相对于 V 模型而言，W 模型增加了软件各开发阶段中应同步进行的验证和确认活动。W 模型由两个 V 字型模型组成，分别代表测试与开发过程，明确表示出了测试与开发的并行关系。W 模型有利于尽早地发现问题。但是，在 W 模型中，需求、设计、编码等活动被视为串行，测试和开发活动保持着一种线性的前后关系，上一阶段结束，才开始下一个阶段的工作，因此，W 模型无法支持迭代开发模型。

4. 动态测试和静态测试的区别是什么？

【答】静态方法是指不运行被测程序本身，仅通过分析或检查源程序的语法、结构、过程、接口等来检查程序的正确性。对需求规格说明书、软件设计说明书、源程序做结构分析、流程图分析、符号执行来找错。静态方法通过程序静态特性的分析，找出欠缺和可疑之处，例如不匹配的参数、不适当的循环嵌套和分支嵌套、不允许的递归、未使用过的变量、空指针的引用和可疑的计算等。静态测试结果可用于进一步的查错，并为测试用例选取提供指导。

动态测试方法是指通过运行被测程序，检查运行结果与预期结果的差异，并分析运行效率和健壮性等性能，这种方法由三部分组成：构造测试实例、执行程序、分析程序的输出结果。

5. 为什么需要测试用例？

【答】如何以最少的资源投入，用最短的时间出色地完成测试，尽可能多地发现软件系统的缺陷，以提升软件的质量是一个恒久不变的课题。影响软件测试的因素很多。例如需求定义的精确程度、软件本身的复杂度、系统设计的合理性以及开发人员的素质等，这些是开发层面的，那么对于软件测试自身来说不同的测试方法和技术的运用也会导致不一样的测试效果。如何才能保障软件测试质量的稳定呢？

一个有效方法就是基于测试用例的测试。简单来说测试用例(test case)就是预先编制的一组系统操作步骤和输入数据、执行条件以及预期结果，用以验证某个程序是否满足某个特定需求。

6. 测试用例设计原则是什么？

【答】设计测试用例时，应遵循以下原则：

(1) 基于测试需求的原则。应按照测试类别的不同要求，设计测试用例。如单元测试依据详细设计说明、集成测试依据概要设计说明、系统测试依据用户需求。

(2) 基于测试方法的原则。应明确所采用的测试用例充分性要求，应采用相应的测试方法，如等价类划分、边界值分析、猜错法、因果图等方法。

(3) 兼顾测试充分性和效率的原则。测试用例应兼顾测试的充分性和测试的效率。每个测试用例的内容也应完整，具有可操作性。

(4) 测试执行的可再现性原则。应保证测试用例执行的可再现性，即对同样的测试用例，系统的执行结果应当相同。

第2章　软件测试流程

一、选择题

题号	1	2	3	4	5	6	7	8	9	10
答案	B	B	B	D	C	D	A	B	C	C

二、简答题

1. 软件测试的生命周期是什么？

【答】软件测试生命周期具体如下：

(1) 测试计划：根据用户需求报告中关于功能要求和性能指标的规格说明书，定义相应的测试需求报告，选择测试内容，合理安排测试人员、测试时间及测试资源等。

(2) 测试设计：将测试计划阶段制订的测试需求分解、细化为若干个可执行的测试过程，并为每个测试过程选择适当的测试用例，保证测试结果的有效性。

(3) 测试执行：执行测试开发阶段建立的自动测试过程，并对所发现的缺陷进行跟踪管理。测试执行一般由单元测试、组合测试、集成测试以及回归测试等步骤组成。

(4) 测试评估：结合量化的测试覆盖率及缺陷跟踪报告，对于应用软件的质量和开发团队的工作进度及工作效率进行综合评价。

2. 单元测试与集成测试有什么区别？

【答】 (1) 测试的单元不同。单元测试是针对软件的基本单元(如函数)所做的测试，而集成测试则是以模块和子系统为单位进行的测试，主要测试接口间的关系。

(2) 测试的依据不同。单元测试是针对软件详细设计做的测试，测试用例主要依据的是详细设计。而集成测试是针对高层(概要)设计做的测试，测试用例主要依据的是概要设计。

(3) 测试空间不同。集成测试主要测试的是接口层的测试空间，它的测试空间与单元测试和系统测试是不同的。集成测试也不关心内部实现层的测试空间，只关注接口层的测试空间，即关注的是接口层可变数据间的组合关系。集成测试无法测试从外部输入层的测试空间向接口层测试空间转换时出现的问题，但是可以测试从接口层空间向内部实现层空间进行转换时出现的问题，这是单元测试做不到的。

(4) 集成测试使用的方法和单元测试不同。集成测试关注的是接口的集成，和单元测试只关注单个单元不同，因此在具体的测试方法上也不同，集成测试在测试用例设计方面和单元测试有一定的差别。

3. 单元测试与系统测试有什么区别？

【答】单元测试与系统测试的区别不仅仅在于测试的对象和测试的层次不同，更重要的区别是测试的性质不同。单元测试属于白盒测试，关注单元模块内部。单元测试是早期测试，发现问题可以即时较早的定位。

系统测试属于黑盒测试，它站在用户的角度来看待被测系统，该项测试的标准基于客户的需求，系统测试是后期测试，发现错误后的定位工作比较困难。

4. 简述集成测试和系统测试的区别。

【答】集成测试的主要依据是概要设计说明书，系统测试的主要依据是需求设计说明书；集成测试是系统模块的测试，系统测试是对整个系统的测试，包括相关的软硬件平台、网络及相关的外设的测试。

5. 集成测试策略主要有哪些？

【答】(1) 大爆炸集成：又称一次性组装或整体拼装，属于非增值式集成。这种集成策略的做法就是把所有通过单元测试的模块一次性集成到一起进行测试，不考虑组件之间的互相依赖性及可能存在的风险。

(2) 三明治集成：一种混合增量式测试策略，综合了自顶向下和自底向上两种集成方法的优点，因此也属于基于功能分解的集成。这种方法桩和开发工作都比较小，但增加了定位缺陷的难度。

(3) 自顶向下集成：就是按照系统层次结构图，以主程序模块为中心，自上而下按照深度优先或者广度优先策略，对各个模块一边组装一边进行测试。又可分为深度优先集成和广度优先集成两种方式。

(4) 自底向上集成：从依赖性最小的底层模块开始，按照层次结构图，逐层向上集成，验证系统的稳定性。

(5) 高频集成：与软件开发过程同步，每隔一段时间对开发团队的现有代码进行一次集成测试。

6. α 测试与 β 测试的区别是什么？

【答】α 测试和 β 测试用于发现可能只有最终用户才能发现的错误。α 测试是在开发环境下或者公司内部的用户在模拟实际操作环境下，由用户参与的测试。其测试目的主要是评价软件产品的功能、可使用性、可靠性、性能等，特别是对于软件的界面和使用方式的测试。β 测试是在实际使用环境下进行的测试。与 α 测试不同，开发者通常不在测试现场。因而，β 测试是在开发者无法控制的环境下进行的软件现场应用。在 β 测试中，由用户记下遇到的所有问题，包括真实的以及主观认定的，定期向开发者报告，开发者在综合用户的报告之后，做出修改，最后将软件产品交付给全体用户使用。β 测试着重于产品的支持性，包括文档、客户培训和支持产品生产能力。只有当 α 测试达到一定的可靠程度时，才能开始 β 测试。

7. 常用的回归测试的测试用例有几种选择方法？

【答】常用的回归测试用例有如下几种方法。

(1) 在修改范围内的测试。这类回归测试仅根据修改的内容来选择测试用例，仅保证修改的缺陷或新增的功能被实现。这种方法的效率最高，然而风险也最大，因为它无法保证这个修改是否影响了别的功能，该方法一般用于软件结构设计的耦合度较小的状态下。

(2) 在受影响范围内回归。这类回归测试需要分析修改可能影响到哪部分代码或功能。对于所有受影响的功能和代码，其对应的所有测试用例都将被回归。如何判断哪些功能或代码受影响，往往依赖于测试人员的经验和开发过程的规范性。

(3) 根据一定的覆盖率指标选择回归测试。例如，规定修改范围内的测试阈值是 90%，其他范围内的测试阈值为 60%。该方法一般是在相关功能影响范围难以界定时使用。

(4) 基于操作剖面选择测试。如果测试用例是基于软件操作剖面开发的，则测试用例的分布情况将反映系统的实际使用情况。回归测试所使用的测试用例个数由测试预算确定，可以优先选择针对最重要或最频繁使用功能的测试用例，尽早发现对可靠性有最大影响的故障。

(5) 基于风险选择测试。根据缺陷的严重性来进行测试，基于一定的风险标准从测试用例库中选择回归测试包。选择关键以及可疑的测试，跳过那些次要的、例外的测试用例或功能相对非常稳定的模块。

总之，依据经验和判断选择不同的回归测试技术和方法，综合运用多种测试技术。

第3章　黑　盒　测　试

一、选择题

题号	1	2	3	4	5	6	7	8	9	10
答案	A	D	C	B	D	D	A	A	B	A

二、设计题

1. 采用决策表设计阅读课文的情况的相关测试用例。

【解析】决策表如表 S3.1 所示。

表 S3.1　决　策　表

		1	2	3	4	5	6	7	8
问题	疲倦？	Y	Y	Y	Y	N	N	N	N
	感兴趣？	Y	Y	N	N	Y	Y	N	N
	糊涂？	Y	N	Y	N	Y	N	Y	N
建议	重读					√			
	继续						√		
	跳下章							√	√
	休息	√	√	√	√				

2. 某一软件项目的规格说明书是：对于处于提交审批状态的单据，若数据完整率达到80%以上或已经过业务员确认，则进行处理。要求：采用基于因果图的方法为该软件项目设计决策表。

【解析】首先根据程序的规格说明，根据所有可能的输入和输出条件，找出所有的原因和结果以及二者之间的关系，画出因果图。然后基于因果图的方法设计测试用例。

(1) 首先根据规格说明，列出所有可能的输入和输出，得到如下结果：

① 输入：处于提交状态，数据完整率达到80%以上，已经过业务员确认。

② 输出：处理或不处理。

找出所有输入与输出的关系，通过分析，得到以下的对应关系：

① 如果单据处于提交审批状态且数据完整率达到80%以上，则处理；

② 如果单据不处于提交审批状态，则不处理；

③ 如果单据处于提交审批状态，数据完整率未达到 80%，但已经过业务员确认，则处理。

下面列出所有的原因和结果，并进行编号。

原因：

① 处于提交状态。

② 数据完整率未达到80%以上。

③ 已经过业务员确认。

结果：㉑ 处理。

㉒ 不处理。

(2) 根据上面分析的关系，画出因果图，如图 S3.1 所示。

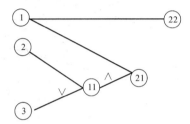

图 S3.1　因果图

(3) 将上面的因果图转换成判定表，如表 S3.2 所示。

表 S3.2　判　定　表

		1	2	3	4	5	6	7	8
条件	1	Y	Y	Y	Y	N	N	N	N
	2	Y	Y	N	N	Y	Y	N	N
	3	Y	N	Y	N	Y	N	Y	N
中间结果	11	Y	Y	Y	N	Y	Y	Y	N
动作	21	Y	Y	Y	N	N	N	N	N
	22	N	N	N	Y	Y	Y	Y	Y

3. 售货机软件若投入 1.5 元硬币，按"可乐""雪碧"或"红茶"按钮，则相应的饮料送出来；若投入的是 2 元硬币，则在送出饮料的同时退还 5 角硬币。请用因果图设计测试用例。

【解析】(1) 原因和结果分析。

原因(输入)：

·(1) 投入 1.5 元硬币；

·(2) 投入 2 元硬币；

·(3) 按"可乐"按钮；

·(4) 按"雪碧"按钮；

·(5) 按"红茶"按钮。

中间状态：

·(11) 已投币；

· (12) 已按钮。

结果(输出)：

· (21) 退还 5 角硬币；

· (22) 送"可乐"按钮；

· (23) 送"雪碧"按钮；

· (24) 送"红茶"按钮。

(2) 因果图如图 S3.2 所示。

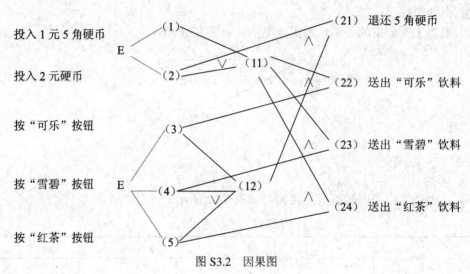

图 S3.2　因果图

(3) 设计出决策表。

根据因果图，设计决策表如表 S3.3 所示， 这里只有 11 个，而不是 2^5 =32 个，这是因为图 S3.2 中有很多限制条件导致某些情况不能出现。

表 S3.3　决　策　表

			1	2	3	4	5	6	7	8	9	10	11
输入	投入 1.5 元硬币	(1)	1	1	1	1	0	0	0	0	0	0	0
	投入 2 元硬币	(2)	0	0	0	0	1	1	1	1	0	0	0
	按可乐按钮	(3)	1	0	0	0	1	0	0	0	1	0	0
	按雪碧按钮	(4)	0	1	0	0	0	1	0	0	0	1	0
	按红茶按钮	(5)	0	0	1	0	0	0	1	0	0	0	1
中间节点	已投币	(11)	1	1	1	1	1	1	1	1	0	0	0
	已按钮	(12)	1	1	1	0	1	1	1	0	1	1	1
输出	退还 5 角	(21)	0	0	0	0	1	1	1	0	0	0	0
	送出可乐	(22)	1	0	0	0	1	0	0	0	0	0	0
	送出雪碧	(23)	0	1	0	0	0	1	0	0	0	0	0
	送出红茶	(24)	0	0	1	0	0	0	1	0	0	0	0

(4) 设计测试用例。

根据决策表，设计测试用例如表 S3.4 所示。

表 S3.4　测 试 用 例

用例编号	用例说明	输入数据	预期结果
01	投入硬币，按下按钮	1.5 元，可乐按钮	送出可乐
02	投入硬币，按下按钮	1.5 元，雪碧按钮	送出雪碧
03	投入硬币，按下按钮	1.5 元，红茶按钮	送出红茶
04	投入硬币	1.5 元	给出提示信息
05	投入硬币，按下按钮	2 元，可乐按钮	找 0.5 元，送出可乐
06	投入硬币，按下按钮	2 元，雪碧按钮	找 0.5 元，送出雪碧
07	投入硬币，按下按钮	2 元，红茶按钮	找 0.5 元，送出红茶
08	投入硬币	2 元	给出提示信息
09	按下按钮	可乐按钮	给出提示信息
10	按下按钮	雪碧按钮	给出提示信息
11	按下按钮	红茶按钮	给出提示信息

第4章　白盒测试

一、选择题

题号	1	2	3	4	5	6	7	8	9	10
答案	D	C	C	A	A	D	D	D	D	A

二、简答题

1. 白盒测试是什么？

【答】白盒测试方法也称结构测试或逻辑驱动测试。白盒测试方法是根据模块内部逻辑结构，针对程序语句、路径、变量状态等来进行测试，检验程序中的各个分支条件是否得到满足、每条执行路径是否按预定要求正确的工作。

2. 为什么说语句覆盖是最弱的逻辑覆盖？

【答】语句覆盖测试方法仅仅针对程序逻辑中的显式语句，对隐藏条件无法测试。逻辑运算符"And"误写成"or"时，设计测试用例虽仍能达到语句覆盖的要求，但是并未发现程序中的误写错误，对一些控制结构不敏感，不能发现判断中逻辑运算符出现的错误。

3. 条件覆盖为什么不一定包含判定覆盖?

【答】条件覆盖只能保证每个条件至少有一次为真,而不考虑所有的判定结果。满足条件覆盖的测试用例由于测试用例的所有判定结果都是 False,并没有满足判定覆盖,因此条件覆盖不一定包含判定覆盖。

三、设计题

1. 把程序流程图(图 4.11)转化成控制流图。

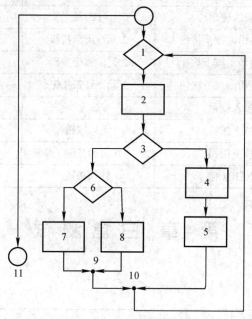

图 4.11   设计题 1 程序流程图

【解析】 将程序流程图 4.11 转化为控制流图 S4.1。

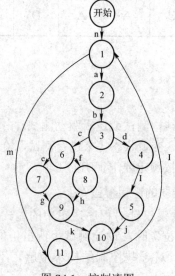

图 S4.1   控制流图

2. 某程序的逻辑结构如图 4.12 所示。设计足够的测试用例实现对程序的判定覆盖、条件覆盖和条件组合覆盖。

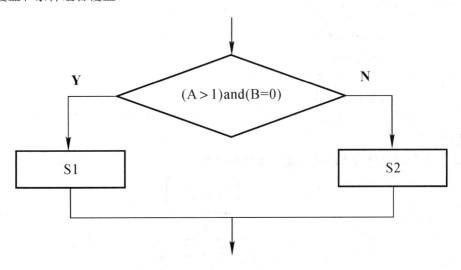

图 4.12　设计题 2 程序流程图

【解析】　设计测试用例如表 S4.1 所示。

表 S4.1　逻辑覆盖测试用例

覆盖种类	需满足的条件		测试数据	期望结果
判定覆盖	A>1，B=0		A=2，B=0	执行 S1
	A>1，B≠0 或		A=2，B=1 或	
	A≤1，B=0 或		A=1，B=0 或	执行 S2
	A≤1，B≠0		A=1，B=1	
条件覆盖	以下四种情况各出现一次		无	
	A>1	B=0	A=2，B=0	执行 S1
	A≤1	B≠0	A=1，B=1	执行 S2
条件组合覆盖	A>1，B=0		A=2，B=0	执行 S1
	A>1，B≠0		A=2，B=1	执行 S2
	A≤1，B=0		A=1，B=0	执行 S2
	A≤1，B≠0		A=1，B=1	执行 S2

3. 采用路径分析方法设计如下程序段的测试用例。

```
void work(int x,int y,int z) {
1   int k=0,j=0;
2   if((x>3) && (z <10)){
```

```
3      k=x*y-1;
4      j=k-z ;
5                    }
6  if((x==4) ||(y>5)){
7      j=x*y +10;
8                }
9   j=j % 3;
10                      }
```

【解答】

(1) 将源代码转化为程序流程图，如图 S4.2 所示。

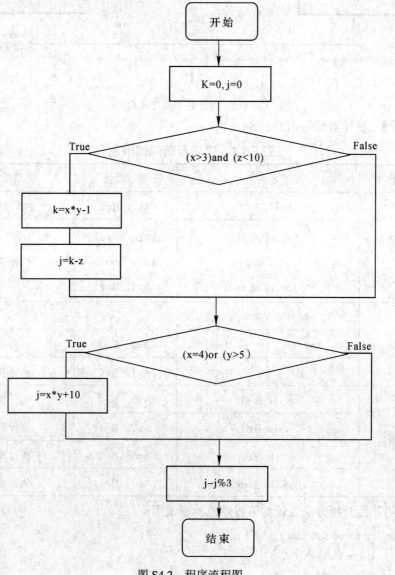

图 S4.2　程序流程图

(2) 将程序流程图转化为控制流图，如图 S4.3 所示。

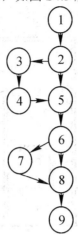

图 S4.3　控制流图

根据路径覆盖的基本思想，设计测试用例如表 S4.2 所示：

表 S4.2　路径覆盖测试用例

测试用例	执行路径	覆盖条件
x=4、y=6、z=5	1—2—3—4—5—6—7—8	T1、T2、T3、T4
x=4、y=5、z=15	1—2—5—6—7—8	T1、–T2、T3、–T4
x=5、y=5、z=5	1—2—3—4—5—6—8	T1、T2、–T3、–T4
x=2、y=5、z=15	1—2—5—6—8	–T1、–T2、–T3、–T4

第 5 章　面向对象测试

简答题

1. 什么是汇集类？什么是协作类？怎样测试汇集类和协作类？

【答】汇集类是指有些类的说明中使用对象，但是实际上从不和这些对象进行协作。编译器和开发环境的类库通常包含汇集类。例如，C++的模板库、列表、堆栈、队列和映射等管理对象。

凡不是汇集类的非原始类就是协作类。协作类是指在一个或多个操作中使用其他的对象并将其作为实现中不可缺少的一部分。协作类测试的复杂性远远高于汇集类的测试，协作类测试必须在参与交互的类的环境中进行测试，需要创建对象之间交互的环境。

2. 对 OOA 阶段的测试划分为几个方面？分别是什么？

【答】OOA 测试分为五个方面：对认定的对象的测试、对认定的结构的测试、对认定的主题的测试、对定义的属性和实例关联的测试、对定义的服务和消息关联的测试。

3. 软件测试模型是什么？

【答】软件测试模型如图 S5.1 所示。

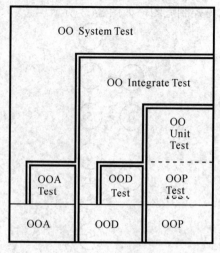

图 S5.1　测试模型

第6章　软件测试管理

一、选择题

题号	1	2	3	4	5	6	7	8	9	10
答案	B	BC	B	D	A	C	ABC	ABCD	B C	ABCD

二、简答题

1. 简述软件测试管理的内容。

【答】软件测试管理认为软件测试是一个复杂的系统工程，需要对组成这个系统的各个部分进行识别和管理，实现特定的系统目标。测试系统主要由测试计划、测试设计、测试实施、配置管理、资源管理、测试管理6个过程组成。

软件测试管理体系一般包括如下6个步骤：

(1) 识别软件测试所需的过程及其应用，即测试计划、测试设计、测试实施、配置管理、资源管理、测试管理。

(2) 确定这些过程的顺序和相互作用，前一个的输出作为后一个的输入。其中，配置管理和资源管理作为支撑性的过程。

(3) 确定这些过程所需要的准则和方法，制订6个过程所需的文档。

(4) 确保所需的资源和信息，并对6个过程进行监测。

(5) 监视、测量和分析这些过程。

(6) 实施必要的过程改进措施。

2. 软件测试人员就是 QA 吗？

【答】软件测试人员的职责是尽可能地找出软件缺陷，确保软件缺陷得以修复。而 QA 的主要职责是创建或者制定标准和方法，提高软件开发能力和减少软件缺陷。测试人员的主要工作是测试，QA 的主要工作是检查与评审，测试工作也是 QA 的工作对象。软件测试和质量保证是相辅相成的关系，都是为了提高软件质量而工作。

3. 测试团队由哪些角色构成？这些角色的作用分别是什么？

【答】软件测试团队中涉及的人员有测试经理、测试组组长、测试工程师、测试系统管理员等，如表 S6.1 所示。

表 S6.1 测试团队构成及其职责

测试角色	具 体 职 责
测试经理	进行管理监督
测试项目经理	(1) 提供技术指导 (2) 获取适当的资源 (3) 提供管理报告
测试设计员	确定测试用例、确定测试用例的优先级并实施测试用例 (1) 生成测试计划 (2) 生成测试模型 (3) 评估测试工作的有效性
测试员	执行测试 (1) 执行测试 (2) 记录测试结果 (3) 记录变更请求
测试系统管理员	确保测试环境和资产得到管理和维护 (1) 管理测试系统 (2) 授予和管理角色对测试系统的访问权
数据库管理员	确保测试数据(数据库)环境得到管理和维护

第7章 测试自动化与测试工具

一、选择题

题号	1	2	3	4	5	6	7	8	9	10
答案	B	D	C	D	A	B	C	C	C	B

二、简答题

1. 自动化测试的优点有哪些?

【答】(1) 回归测试更方便。特别是在程序修改比较频繁时,效果是非常明显的。由于回归测试的动作和用例是完全设计好的,测试期望的结果也是完全可以预料的,因此将回归测试自动运行,可以极大地提高测试效率,缩短回归测试时间。

(2) 运行更多、更烦琐的测试,在较少的时间内运行更多的测试。

(3) 执行一些手工测试困难或不可能进行的测试。比如,对于大量用户的测试,不可能同时让足够多的测试人员同时进行测试,但是却可以通过自动化测试模拟同时有许多用户,从而达到测试的目的。

(4) 测试的复用性。由于自动测试通常采用脚本技术,这样就有可能只需要做少量的修改甚至不做修改,便可实现在不同的测试过程中使用相同的用例。

2. 录制和回放是指什么?

【答】目前的自动化负载测试解决方案几乎都是采用"录制-回放"的技术。"录制"是通过捕获用户每一步操作,如用户界面的像素坐标或程序显示对象(窗口、按钮、滚动条等)的位置,以及相应操作、状态变化或属性变化,用一种脚本语言记录描述,模拟用户操作。"回放"将脚本语言转换为屏幕操作,比较被测系统的输出记录与预先给定的标准结果。

3. 软件测试工具如何进行分类?

【答】(1) 负载压力测试工具:通过模拟成百上千个用户并发执行业务操作,来完成对应用程序的测试。主要用于度量应用系统的可扩展性和性能,并通过实时性能监测来确认和查找问题。

(2) 功能测试工具:通过自动录制、检测和回放用户的应用操作,将被测系统的输出记录用预先设定的标准结果进行自动比较,以检测应用程序是否能够达到预期功能并正常运行。此类工具可以极大地减少黑盒测试的工作量,并能很好地进行回归测试。

(3) 单元测试工具:通过自动执行应用程序的函数、过程或完成某个特定功能的程序块,将程序运行结果用预先设置的标准结果自动进行比较,以检测函数、过程或功能是否达到预期结果。与功能测试工具最大的不同之处在于此类工具属于白盒测试工具,且通常由开发人员自行完成。

(4) 代码质量测试工具:根据预定义的语法规则对代码进行扫描,找出不符合编码规范的地方。

(5) 测试管理工具:用于对测试需求、测试计划、测试用例、测试实施进行管理,将测试过程流水化,让不同人员可以通过工具实时交换相关信息,实现全过程的自动化管理。

4. 负载测试与压力测试有什么异同点?

【答】压力测试可以被看作是负载测试的一种,即高负载下的负载测试。压力测试是在系统(如 CPU、内存和网络带宽等)处于饱和状态下,测试系统是否还具有正常的会话能力、数据处理能力或是否会出现错误,以检查软件系统对异常情况的抵抗能力,找出性能瓶颈、功能不稳定性等问题。压力测试分为稳定性压力测试和破坏性压力测试。稳定性压力测试是指高负载下持续运行 24 小时以上的压力测试。而破坏性压力测试是通过不断加载的手段快速造成系统的崩溃，让问题尽快地暴露出来。

5. 兼容性测试是什么？

【答】兼容性测试是指检查软件之间是否能够正确地进行交互和共享信息。对新软件进行软件兼容性测试，需要解决：

(1) 软件设计要求与何种其他平台和应用软件保持兼容？如果要测试的软件是一个平台，那么设计要求什么应用程序在其上运行？

(2) 应该遵守何种定义软件之间交互的标准或者规范？

(3) 软件使用何种数据与其他平台和软件交互并共享信息？

参 考 文 献

[1]　周元哲. 软件测试教程. 北京：机械工业出版社，2010 年.

[2]　周元哲. 软件测试基础. 西安：西安电子科技大学出版社，2011.

[3]　周元哲. Python3.X 程序设计基础. 北京：清华大学出版社，2019.

[4]　周元哲. 软件测试习题解析与实验指导. 北京：清华大学出版社，2017.

[5]　周元哲. Python 测试技术. 北京：清华大学出版社，2019.

[6]　周元哲. 软件工程实用教程. 北京：机械工业出版社，2015.

[7]　吴晓华，王晨昕. Selenium WebDriver 3.0 自动化测试框架实战指南. 北京：清华大学出版社，2017.

[8]　虫师. Web 接口开发与自动化测试：基于 Python 语言. 北京：电子工业出版社，2017.

[9]　关春银，王林，周晖，等. Selenium 测试实践：基于电子商务平台. 北京：电子工业出版社，2011.

[10]　(美)马瑟. 软件测试基础教材(英文版). 北京：机械工业出版社，2008.

[11]　(美)麦格雷戈，等. 面向对象的软件测试. 杨文宏，等译. 北京：机械工业出版社，2002.

[12]　张友生. 软件评测师考试考点分析与真题详解. 北京：电子工业出版社，2005.